ちくま新書

遺伝子の不都合な真実

——すべての能力は遺伝である

安藤寿康
Ando Juko

970

遺伝子の不都合な真実――すべての能力は遺伝である【目次】

イラスト＝飯箸薫

はじめに――すべては遺伝子の影響を受けている

本書は、現代人がもつ「不都合な真実」のひとつ、「人間の能力や性格など、心のはたらきと行動のあらゆる側面が遺伝子の影響を受けている」という事実を科学的に明らかにします。

私たち人類は長い歴史的な時間を費やして、自由と平等を勝ち取ろうとしてきました。もちろん世界中を見渡せばまだまだ十分さからはほど遠いとはいえ、それでもさまざまな国と文化で、奴隷制や封建制の身分制度を取り払い、性別や人種による差別を徹廃することによって、思想や制度上の自由と平等を少しずつ実現してきました。

特に近代に入ってからは、科学が生み出したさまざまな技術によって、自由と平等を実際に手に入れるための手段を格段に広げてきました。医療の進歩は病気や障害からくる不自由を軽減し、産業技術の発達は生活に必要なものから嗜好品《しこう》まで、よりよい質の生産物をより安くより多くの人の手に入れられるように変え、情報技術の革新のおかげでこれまで一部の人に専有されていた知識や情報がだれにでも入手しやすいようになりつつあります。

人類はいま与えられた境遇に甘んずることをよしとせず、環境を思いのままに操作して幸福を勝ち取ろうとする方向に加速しています。自由と平等を阻止するいかなる敵も、それに挑んで克服しなければならない、いや必ずできると私たちは信じているようです。

†遺伝子は自由と平等の敵か?

いま「遺伝子」が自由と平等の敵として私たちの前に立ちはだかっています。遺伝子は病気の原因であり、能力の限界の原因と考えられているからです。

遠く古代ギリシャでは、人間の能力の優劣は生まれつき与えられているとされていました。プラトンは『国家』の中で、生まれつき金の人、銀の人、銅や鉄の人がおり、為政者《いせいしゃ》となるのは金に生まれついてきた哲人でなければならないと論じました。その時代、教育が才能に勝ることはないと考えられていたのです。

だが、こんにち、才能に遺伝子が関わっているという考え方は、教育界で決して好まれないでしょう。街を歩けばあちこちに知能や学力の無限大の増進と才能の開花を謳《うた》うさまざまな教育産業――幼児教室、受験予備校、語学学校、資格学校など――の心躍る宣伝文句が飛び込んできます。子どもの幸福を願う親たちは、わが子をいい学校に入れるために、生まれたときから、いや生まれる前から、わが子のためにできる限りの投資をしようと心を砕いています。入試を控えた受験生たちは、少しでも偏差値の高い学校へと進もうと、それを「約束」してくれる塾や予備校に夜遅くまで通っています。就職活動の時期ともなれば、学生たちはにわかに就活マニュアルや自己啓発セミナーに飛びつき、1つでも多くの資格を取り、語学力をつけて、自らの商品価値を高めようとします。

かくして教育の可能性は無限大に見積もられ、侵すべからざる聖域とみなされるようになりました。適切な環境とたゆまぬ努力さえあれば、いかなる人間も遺伝子に縛られることなく、自由にどこまでも自分の個性や能力を伸ばすことができる……。そう信じなければ、私たちは平等を成し遂げられないと思っているのです。

それがいかにはかない願望や先入観にすぎないか、少し考えればだれでもわかっているはずです。もしそれがほんとうなら、試験の前にあんなに努力したのに、才能豊かな友達の足元にも及ばない成績しか取れなかったなどという苦い経験を味わうはずはなかったでしょう。だれもが一流大学に入れる学力を獲得し、なりたい自分に自由になれて、格差のないだれもが幸せな社会が、もっと簡単に実現できていたでしょう。しかし現実にはそうなっていません。それはなぜなのでしょう。

†能力や性格は遺伝子の影響を受けている

本書はその理由の1つかもしれない真実、「人間の能力や性格などひとりひとりの心の働きや行動の特徴が遺伝子の影響を受けている」という不都合な真実に、あえて向き合っていこうと思います。

「不都合な真実」とは、アル・ゴア元アメリカ副大統領が地球温暖化問題を暴いたドキュメンタリー映画ですが、そこから転じて、真実はうすうすみんなが知っているけれど、それをあからさまに口にしたらまずいことになるので口には出さない、そういう真実、つまり「それを言っちゃあおしまいよ」あるいは「タブー」とよばれるもののことです。

私たちの日々のふるまいと、それが織り成す人生は、想像以上に遺伝子の影響を受けています。このことを私たち行動遺伝学者は科学的な証拠から明らかにしてきてしまいました。私たち人間《ヒト》も地球上の生命の一員であり、遺伝子の産物である限り、生命現象のあらわれである行動や心の動きも遺伝子の影響を受けないということはありえません。これは自明の理《ことわり》というべきでしょう。この真実とどう向き合ったらよいのでしょうか。

ヒト・ゲノム計画の終了に象徴される生命科学の発展に伴って、遺伝子について書かれたものが数多く出版されるようになりました。そのなかには遺伝子と人間の生き方の関係について触れたものも少なくありません。そのようなものをみると、いまだに「心や行動だけは遺伝の影響を受けない」という人が少なからずいるようです。また遺伝の影響があることは認めつつも、最終的には「しかし遺伝だけでは決まっていない」というメッセージで締めくくるものが圧倒的に多いように見受けられます。「環境によってこれまで表れていなかった遺伝子をオンできる」とか、「生命の営み自体が遺伝子に縛られない自由さを持つ」といった主張です。しかも遺伝学や生命科学の専門家が、特に最近注目をあつめる脳の可塑《かそ》性やエピジェネティクス（DNAにあとから付いた化学的物質などによって、塩基配列には変化がないけれども遺伝情報の表れ方が変化する現象）、獲得形質の遺伝などの知見をふまえて、科学的にこれを主張しようとします。この物語はしばしばとても心地よく雄弁なので、多くの人たちがその話に希望を託そうとします。

しかし生命はほんとうに遺伝子から自由なのでしょうか。私たち生命の存在理由ともいうべき遺伝子を、人間の勝手な都合とおもわくで、自由と平等の敵とみなしてほんとうによいのでしょうか。

†「ありきたりな知見」の不都合さ

私はもともと高い能力を獲得するにはどうしたらいいかという問題に関心をもって大学で教育学と心理学を学び、そこで行動遺伝学に出会って、この学問が最もよく用いる双生児法による研究を30年以上続けてきました。

世間には行動「遺伝学」者と名乗っていますが、実のところ生粋の文学部生まれの文学部育ち、いまの所属は文学部教育学専攻というバリバリの文系です。まわりは文化と教育と社会の研究者だらけ、つまり心が文化や教育の影響を受けていかに大きく変容するか、社会の不条理にあえぐ人間を環境の変革によっていかに救えるかに関心を寄せる人たちばかりです。同僚との人間関係は（たぶん）良好だと思っていますが、学問的にはかなり「浮いて」います。私のメインの所属学会である教育心理学会でも長年にわたり双生児研究を発表してきましたが、私の発表には長いあいだ閑古《かんこ》鳥《どり》が鳴き、論争すら起こりませんでした。おそらく、文系の世界では「遺伝子」に触れてはならなかったのでしょう。

このようにどうやら世の中でも学会でも異端の道を歩んできたのですが、困ったことに自分ではどう考えても異端であるとは思えないのです。教育学の古典とされる書物――プラトンの『国家』にせよ、ルソーの『エミール』にせよ、デューイの『民主主義と教育』にせよ――は、必ずといっていいほど遺伝――それを「生まれ」といったり「自然」といったりしますが――が考慮されています。そして行動遺伝学は現代遺伝学の正統な一分野である集団遺伝学と量的遺伝学の理論と方法に、これまた正統な現代の心理学や精神医学の標準的な理論と方法で測定されたデータを当てはめているにすぎません。

その結果も遺伝学がしめす一般的な結論の域を出ません。人間の心のふるまいも、生命の一般的な法則である遺伝の法則に従っているということです。すくなくともデータは基本的にはそのように解釈できます。ある意味ではつまらない、ありきたりの結果ばかりです。ところがこのありきたりの知見が、世の中でも、また私が関連する人文社会学系の学界でも、「不都合な真実」なのです。

あえて大げさにいえば、ここに人間の知のあり方がもつ重大な問題が潜んでいると思います。

原子力が危険だということは「ありきたりな知見」です。にもかかわらず、私たちはその「不都合な真実」を乗り越えて原子力は安全であるという物語を作り上げ、それを信じて、その「恩恵」を享受してきました。そしていまもなお享受する物語を作ろうとする人たちがいます。２０１１年3月11日の「あの日のできごと」は、あまりにも多くの理不尽な犠牲とともに、不都合な真実から目を背けたことの報いがどれほど大きかったかを私たちに教えてくれたにもかかわらず……。

✝不都合な真実から目を背けさせるもの

問題なのは、不都合な真実から目を背けさせているのが、単に一部の人たちの私利私欲や利権だけでなく、私たちのだれもが抱くささやかな願望や善意や誠意にもあるということです。

わが国の経済発展と快適な生活の増進のために、安定した豊かな電力供給が希求されていました。科学者に対して、ありきたりな話ではなく、もっと変わったこと、驚くべきことを発見し創造することが期待されているのも、そのためかもしれません。同じように、遺伝がもたらす負の側面は克服されることが求められています。だからそれでも原子力は安全であり、遺伝の影響を乗り越えられるというストーリーを、みんなが探し求め、それに誠意をもって答えようとする専門家が現れるのです。この構造をみすえないと、問題の本質はみえてこないと思われます。

伝統的な遺伝学や広く生命科学の常識を打ち破る新たな生命観を打ち出そうとしている研究者たちが、「生命や心は遺伝子を超える」と主張する気持ちはわかります。どの学問でもその最先端は伝統や常識を打ち破ることを目指さねばなりません。科学は常にそうして発展してきたのですから。

しかしまだ確立されていない「新たな発見」、これからみいだされることが期待される「未知の法則」に私たちの人生を安易にゆだねるわけにはいきません。とくに教育学や心理学、そして人文社会科学全般は、人間の都合に一足飛びに合わせる前に、生命科学が立脚しているありきたりの真実、つまり「進化や遺伝の法則に心や行動も従っている」ということを、それが一見いかに不都合であっても、まずはきちんとみすえることが必要なのではないでしょうか。人文社会科学は、まだ伝統的な遺伝の理論との整合性をきちんとつけるという作業すらしてきていないという意味で、実はそれすらも「新しい」ことなのです。この本の基調はまずここにあります。仮にその先に進むことができるとしても、まずは通らねばならないこの通過点を勝手にすっ飛ばしては、道をあやまりかねません。

†本書を補う3つのメッセージ

しかしこの本にはそれだけではない、さらに3つのメッセージがあります。

不都合な真実は、確かにありきたりな真実ですが、ありきたりであるがゆえに、そのことについてあまり深く考えられていません。場合によっては偏見と先入観にまみれ、誤った推論をしている可能性があります。真実を不都合なものと思わせているのが、実はその先入観であることも往々にしてあるものです。

遺伝についての多くの人たちの考えにはまさにそれがあらわれています。「遺伝とは親のもっているものがそのまま子どもに伝わることだ」とか、「遺伝だと勉強や努力や教育をしても役に立たない」という考え方がそれです。そうした考えが遺伝の法則から導き出されるものではないことにも気づいてもらえるでしょう。これが1つめのメッセージです。

この点をご納得いただけず、遺伝に関するこうした先入観を抱いたまま本書を理解したつもりになると（それが最も恐れることであると同時に、最もおこりやすいことなのですが）、一部の人には無責任な安心感や慢心を、また一部の人には救いがたい絶望を、そして多くの人には当惑と反発を与えることになってしまうでしょう。もしそういう読後感を与えたとしたら、読み手の理解が不十分か、私の書き方が不十分か、そのどちらかか、または両方です。ぜひ真意を読み取ってください。

次に、心理学や教育学や人文社会科学全般が、遺伝学や広く生命科学に隷属《れいぞく》するものではなく、両者を対等につきあわせることで、生命科学が逆に見落としがちなことに気づくと思います。それは生命科学で用いられているコトバや概念が、それ自体、私たちの心と文化の生み出したものであり、歴史的・社会的な文脈に依存し物語化されているということです。これが2つめのメッセージで、文学部生まれ文学部育ちの遺伝学者である私が、仲の良い同僚たちと語り合うなかで学んだことです。本書の行間に、そうした学際性の重要さを感じ取っていただければと思います。

そして、これが何よりも重要なことですが、私たちが求め続けている自由で平等な社会とは、遺伝子の制約を乗り越えることによって実現されるものではなく、むしろ遺伝子たちのふるまいをきちんとわきまえ、遺伝子たちと調和しようとする営みのなかで実現されうるという主張です。それが3つめのメッセージです。それは現状では決して簡単なことではありませんが、その可能性を教育のなかにみいだしていきたいと思います。

†本書の構成

本書では、まず第1章で、遺伝子の不都合な真実の根深さを象徴的に描写する有名な事件を紹介します。バート事件として知られる「データねつ造疑惑」をめぐる顚末《てんまつ》に、善意と正義の空回り絵巻を垣間みて考えていただければと思います。

第2章では、能力の獲得に関心をいだき、実のところご多分に漏れず教育にすべてを期待するピカピカの環境決定論を信奉していた教育学徒の私が行動遺伝学に「回心」させられたいきさつを通じて、行動遺伝学の基本となる理論と方法と成果を紹介します。

第3章は本書を書き始めた1年前は予定していなかった章です。２０１１年5月に、能力や性格の遺伝子検査をするというサービスがポップな体裁で市場に入ってきたのを知り、これは考えておかねばならないと思って追加した、遺伝子検査の現状についての考察です。

第4章では遺伝子を超えた自由への解放者として描かれる「環境」が、はたして本当にそのようなものなのだろうかと疑問を投げかけます。そして実は環境こそが、遺伝子に対して制約を与え自由を阻んでいるのであり、遺伝子があるから私たちは自由を求めているのだという新しい自由像を提唱します。

第5章も執筆当初は予定していなかった章でした。というのも内容が世の中で神経質になりがちな、ほんとうのタブーに切り込むことになるからです。いくらタブーに切り込むと息巻いている私も、世の中のバッシングを恐れてあまり口にしてこなかったこと、すなわち学歴と収入や経済行動の遺伝について言及します。

このテーマは最終章である第6章でさらに展開し、この社会はすでに遺伝によって差別された優生社会だと論じながら、教育が本来果たすべき機能を考察して、人類が求め続けている自由と平等への希望につなぎたいと思います。

本書の目的は「不都合な真実」を暴き、そこに潜む問題をみつめる目をみんなと共有することです。即効性のある解決策を提示するものではありません。この問題はとても難しい問題なので、解決策は容易にみつかりません。だが取り組まなければならない本当の問題だと私は考えています。環境問題のように、みんながそれを自覚して共有し、それぞれの立場でだれもがもつ「ありきたりな等身大の善意と誠意」でもって、その問題に対する解決策を工夫するようになることが、いま期待できる最善の解決策だと思うのです。

そのように私たちの遺伝子たちが働いてくれることを信じています。

第１章

バート事件《アフェア》の不都合な真実

――いかに「知能の遺伝」は拒絶されたか

「遺伝子の不都合な真実」というタイトルに最もふさわしい話として、心理学史のなかで最も有名なデータねつ造疑惑事件、「バート事件《アフェア》」をはじめにご紹介したいと思います。

この話はすでに日本でも広く紹介されているので、ご存知の方がいらっしゃるかもしれません。それは「知能の個人差に遺伝の影響が強く表れている」ことを示す別々に育てられたふたごの研究に使われたデータが、実はねつ造されたものであったといわれる事件です。しかもその研究をした人物が学会の超大物であり、その人物はその権威を利用して、ありもしないデータをあるとみせかけようと架空の研究協力者をでっちあげていたといったスキャンダラスなできごとでいっぱいの事件でした。この事件は、行動遺伝学がいんちきな学問だという印象を世間に流布させるのに大きな役割を果たしました。

「遺伝子が心と行動にも影響を与える」といわれることを嫌う人たちにとって、行動遺伝学の研究の「汚点」を暴くのに好都合なこの事件、その意味で「遺伝子の不都合な真実」を象徴するかのようにみえるこの事件の本質は、しかし実はまったく真逆の点にあります。それはこのねつ造話自体が、遺伝子を嫌う人たちによる冤罪《えんざい》である可能性があるということなのです。

†知能の遺伝をめぐるスキャンダル——ジェンセン事件《アフェア》の中の「バート事件《アフェア》」

この物語の主人公は、サー・シリル・バート（1883年生まれ、1971年死去）。その称号《サー》が示すように、生前彼はイギリス心理学会を代表する誉《ほま》れ高い碩学《せきがく》でした。心理テストに関する多大な貢献と国民に教育機会を開いたことの業績に対して、1946年にイギリスの心理学者として最初のナイト称号を授与されました。

別々に育てられたふたごに関する彼の一連の論文に、データねつ造の不正疑惑がもたれたのは、彼の死後のことです。このことがメディアに大々的に取り上げられ、その権威は文字どおり奈落の底に失墜してしまいました。

この物語は、実は劇中劇のような入れ子構造になっています。ことの発端はアメリカの心理学者、アーサー・

図1－2　シリル・バート

図1－1　アーサー・ジェンセン

ジェンセンが1969年に『ハーバード・エデュケーショナル・レビュー』という専門誌に著した「われわれは知能と学業成績をどのくらい向上させることができるか」と題した論文[1]でした。アメリカでは1957年のスプートニクショック（ソ連に人工衛星打ち上げで先を越されたことへの欧米の衝撃）を機に、国民の教育水準を高めようと、特に貧困層に「ヘッドスタート計画」として知られる早期教育プログラムが全国レベルで展開され、形こそ変えながらも今日まで宇宙計画に次ぐ巨大な連邦予算を投入して続けられています。かの有名な教育番組『セサミ・ストリート』もこの時の産物でした。

ジェンセンは、そのプログラムが開始されてから、約10年たった時点で、このプログラムが失敗したと結論を下す論文を著しました。それはこの早期教育が知能に与える効果は一時的なもので、プログラムを離れるとやがてもとの水準に戻ってしまうからです。そしてその理由として、ジェンセンは知能の遺伝規定性が80％もの高さをもつからだと、その当時得られていたさまざまな血縁関係の知能のデータを、得意とする統計手法を駆使してまとめあげて説明したのでした。

さらに彼はこの論文の中で、白人と黒人の知能の差について多くの紙面を割いて論じ、そしてその脚注で、その原因も遺伝的であることを示唆したことで、アメリカの世論に火をつけてしまいました。「ジェンセニズム」は人種差別主義の代名詞とされ、世論からのバッシングのさなか、ジェンセンは文字通り外を一人で歩くことすら危険な状況であったといいます。その知能の遺伝規定性を示す科学的論拠として、バートの双生児データに少なからぬ重きが置かれていたというわけです。

†人間は生まれながらにして平等か?——知能と人種という論争

このジェンセン事件は、それ自体が心理学界のスキャンダラスな事件として歴史に名をとどめているほどです。遺伝と環境に関する議論をめぐっては、特に欧米圏ではこのように人種問題とリンクして、学界をこえて社会的、政治的論争にまで発展することが少なくありません。それは肌の色や容貌といったみためでわかる遺伝的背景の異なる民族の人たちが、1つの社会のなかで生み出すさまざまな社会問題と密接にかかわっているからでしょう。民主主義を標榜する近代社会の良識は「人間は生まれながらにしてみな平等」です。その良識に反旗を翻《ひるがえ》したのがジェンセンだったわけです。

ジェンセンばかりではありません。彼とほぼ同時期の1973年に『IQと競争社会[2]』を著したアメリカの行動学者リチャード・ハーンスタインは、知能の遺伝規定性がある以上、単に環境を平等にしただけではかえって遺伝的な差異が顕在化することを説いて物議をよびました。ハーンスタインはのちの1994年にマレーとともに『ベルカーヴ』[3]を著し、そのなかで再び知能の人種問題に火をつけました。また1996年に『人種　進化　行動』[4]を著したカナダの心理学者フィリップ・ラシュトンも同じく人種と遺伝の問題に触れて、黄色人種、白人、黒人は進化的に適応戦略が異なると論じて、大きな論争を呼んでいます。

なぜ人種差と遺伝という、寝た子を起こすような、マッチの火ひとつで大爆発を引き起こす問題に触れる研究者が後を絶たないのでしょう。

この問いにはいろいろな答えがありうると思いますが、筆者はつまるところ、私たち人類の知が、遺伝と文化の折り合いをうまくつけられるほどに成熟していないからだと考えています。「知能」に遺伝的な人種差があることを直接示した研究はまだありません。ないかもしれないし、あるかもしれない。「ない」ということが、いまは政治的に正しい態度といえるでしょう。本当に知能（それをどう定義しようと）に人種の間で遺伝的差異がないのならば、それでかまいません。しかし「もし」あったとしたら……？　それがもしはっきり示されてしまったら、私たちは政治的に困った事態になるでしょう。

その「困った事態」が、ジェンセンたちによる一連の論争でシミュレートされているのです。つまり、自然から当たり前のものとして与えられているかもしれない遺伝的な差異を社会的な問題として顕在化させない文化を、少なくとも近代以降、残念ながら私たちがまだ築けていないのです。

あるいは、近代が自然な遺伝的な差異を社会問題に至らしめてしまう文化を作り上げたといえるかもしれません。そのためどうしても遺伝を隠そうとしたがる。そして遺伝的な差異などないといい張る人たちがいまだに後を絶たず、遺伝を考慮に入れず環境を平等化するだけで問題の解決を図ることが正しいという主張の方が、世の中に受け入れられやすくなる。かくして、この問題への真の取組みが先延ばしにさせられていることが本質的な問題なのだと思います。このことは本書全体を通じて論じていくことになるでしょう。

本題へ戻りましょう。かくして、バート事件が騒ぎになるきっかけとして、このような社会的な緊張感をはらむ事件がすでに起こっていたのでした。

†遺伝の影響の「科学的証拠」は妥当か?

バートは1955年、1958年、1966年と3度にわたり、さまざまな形質の双生

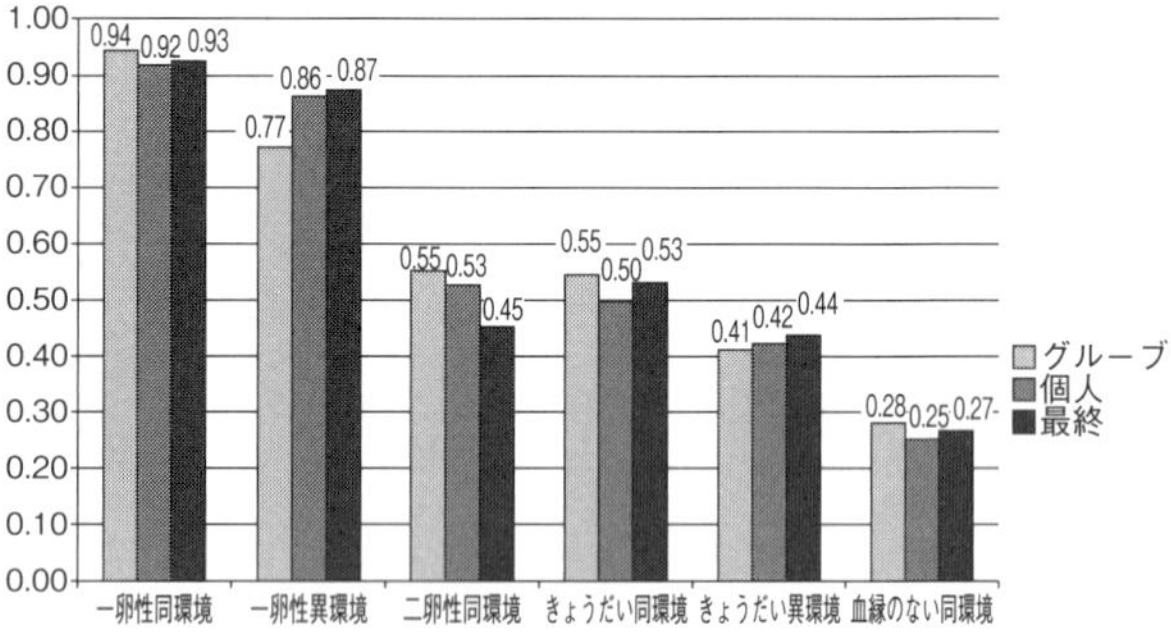

図表１－３　バートのふたごの知能検査の結果
数値が大きいほど相関性が強い

児の類似性に関するデータを発表しています[5]。そして、これがあとから問題となるのですが、データ数はそのつど追加されていきます。

図表１－３はジェンセンが引用した最後（１９６６年）の論文に著された知能検査（グループ式で測った場合と個別式で測った場合、ならびにそれらをまとめた最終値）の結果です。数値は「相関係数」と呼ばれるもので、この図表では、同環境と異環境で育ったふたごやきょうだい、そして養子として同環境に育った血縁のないきょうだいの知能指数の類似性の高さを表します（相関係数は第２章で紹介しますが、たとえば身長と体重とか、英語と数学のテスト得点とか、摂取カロリーと体重のように、２つのペアとなる数値がお互いに相伴って変化する強さを表しています。数値が大きいほど

相関性が強いことを意味し、それが完全に一致すれば1、完全に無関係であれば0となる数値です)。このデータで特筆すべきなのは、別々に育てられた双生児のデータ数が53組もあることでした。データ数は多ければ多いほど信頼性が高くなります。この数は当時同じ種類のサンプル数としては最大のものでしたので注目度も大きかったわけです。

双生児のデータの見方は次章で詳しく紹介しますが、遺伝子がすべて等しい一卵性双生児が、遺伝子を半分しか共有しない二卵性双生児よりも高い相関を示せば示すほど、遺伝の影響があることを意味します。特に別々に育てられた一卵性双生児の類似性は、そのまま遺伝の影響を意味することになるので貴重です。知能の場合、グループテストで0・771、個別テストで0・863であり、ジェンセンの推定した知能の遺伝率80%の強力な根拠となっていました。

ジェンセンの知能の遺伝の議論に対してよせられた数々の学術的な批判のなかで、最も徹底していたのが1974年に『IQの科学と政治』[6]を著したレオン・ケイミンでした。彼はジェンセンの取り上げた双生児や養子の研究の妥当性を徹底的に検証しようと試みました。たとえば「別々に育てられた」といわれる双生児が、実は同じ町の端と端に分かれて同じ学校に通っていたケースもあるなどの事例をつきとめたり、用いられたテストについての正確な記述がなされていないことなどをみつけだしたりして、それらを考慮して統計的分析をしなおすと、知能に及ぼす遺伝の影響を示すとされる「科学的証拠」の妥当性がまったく信用をおけないと主張しました。

その一連の作業のなかで見い出されたのが、バート論文への疑惑だったのです。彼と共著者が3度にわたって報告した別々に育った一卵性双生児のサンプル数は、図表1－4が示すように1955年で21組、1958年には42組、そして1966年には53組と、年次を追うごとに増えてゆきます。バートはこれをそのつど新たなデータが追加されていったからとしているのですが、相関係数の数値を1955年と1966年とで見比べると、個別式の場合がいずれも0・771と等しいことに気づきます。それ以外にも同環境で育った一卵性で2カ所、血縁のない同環境で育ったきょうだいで2カ所、小数点第3位まで等しくなっています。

物理学の定数ならともかく、このようにサンプリングされたデータが倍以上増えたにも関わらず、相関係数の値がそこまで一致するということは、偶然ではとても考えにくいことです。とすると、これはケアレスミスか、さもなければねつ造か、いずれにしてもこの一連の論文の内容は信を置けないものになってしまいます。このケイミンの発見によって、

グループ式、個別式、それぞれの知能検査得点、
ならびに最終評定地による双生児の相関係数

	一卵性同環境	一卵性異環境	二卵性同環境	きょうだい同環境	きょうだい異環境	血縁のない同環境
バート, 1955　組数	83組	21組	172組	853組	131組	287組
グループ	**944**	771	542	515	441	**281**
個人	921	843	526	491	463	**252**
最終評定	**925**	876	551	538	517	269
コーンウェイ, 1958　組数	?	42組	(172組)	(853組)	(131組)	(287組)
グループ	936	778	(542)	(515)	(441)	(281)
個人	919	846	(526)	(491)	(463)	(252)
最終評定	928	881	(551)	(538)	(517)	(269)
バート, 1966　組数	95組	53組	127組	264組	151組	136組
グループ	**944**	771	552	545	412	**281**
個人	918	863	527	498	423	**252**
最終評定	**925**	874	453	531	438	267

数値は相関係数、小数点第３位までの数値（例：994=0.994）
ゴチックが同じ数値

図表１－４　一卵性双生児のサンプル数
データが増えても相関関係の値は一致する

バートの一連の論文に対する疑惑が世に知られるようになったのでした。

社会学者ケイミンの関心は、この本のタイトルどおり、知能を測りＩＱという数値として「科学」的に扱うことの持つ社会的、政治的問題性にありました。彼はこの本の中で、「知能に遺伝の影響があることを示すいささかの科学的根拠もない」と結論づけるほど、もとからの徹底した環境論者です。だからこそ、遺伝の影響を強く示そうとするジェンセンに対して、執拗とまでいえるほどの徹底的な検証を試み、黒を白へと逆転させる判決に成功させようとしたのでした。

†メディアと伝記による不信の拡大

ケイミンの発見を1972年の講演で聞いたジェンセンは、1974年のモノグラフのなかで、バートの論文が科学論文として信用することはできなくなったことを認めています。この時のケイミンのバート論文の扱い方は、そのあとの喧騒と比較すれば、疑惑を指摘するだけの控えめなものだったといえるでしょう。このときはまだ「データねつ造」「不正」という扱いはなされていませんでしたし、公表されたのが学術講演や専門書でしたので、その問題に強い関心をいだく一部の人々の間でしかとりあげられませんでした。

イギリス心理学界が誇るバートを、一転して暗黒の学者として奈落の底に貶《おとし》めたのは、ケイミンの本からこの話を聞きつけたその後のマスメディアだったようです。まずフリーの医学研究者でイギリスの『サンデー・タイムズ』のジャーナリストでもあるオリバー・ギリーが、バートの教え子だったアン・クラークとその夫アラン・クラークから、不正疑惑の証言を取材しました。さらにギリーはバートの共著者として名前の挙がっているハワードとコンウェイという2人の女性が大学の名簿になく、タイムズ紙に「捜索願」を出してもみつからなかったことから、1976年10月、『サンデー・タイムズ』紙に「重要なデータが著名な心理学者によってねつ造された」と題する記事を掲載したのでした。

メディアによって暴露されたバート事件にさらに火を注いだのは、イギリス心理学会から「公正な立場で」バートの伝記を執筆することを求められていたレズリー・ハーンショウの1979年の本『心理学者シリル・バート』[7]でした。バートの日誌までつぶさに調べた彼女は、特に1950年以降、双生児の調査をしたという記載はなかったことをつきとめ、それをバートのデータねつ造の決定的な状況証拠として取り上げたのです。

さらなるダメ押しは1984年にBBCが制作した『賢き男 The Intelligent Man』という番組でした。この番組では、バートの人生を特に「データねつ造」事件に焦点を当てて、彼を「老獪《ろうかい》な」性格や「秘密主義的な」日常の振る舞いをもつ人物として紹介し、その生前の学術的栄光が虚構の上に成り立ち、データねつ造をなさしめたという描き方がされています。ここにいたって、バートの権威は完全に失墜し、生前の重要な心理学の業績もすべて疑惑のベールに覆われて、知能の遺伝についての「科学的」根拠はすべて怪しいものだという印象を、研究者を含めた世間一般に流布させることになったのです。日本の読者が今日触れるバートの紹介も、基本的にはこのときに出来上がったバート像の上にきずかれたものといえるでしょう。

†被告弁論

世間でひとたび悪人のレッテルを貼られた人物の擁護をするのは、よほどの身内でない限り、相当の勇気を要するものです。なぜならそれを擁護する人も同罪同類として扱われる危険があるからです（ですので正直にいえば、いま筆者がここでバート事件をこのように紹介することすら、わが国においては勇気と覚悟を要することなのです）。

バートの生前を知り、その業績を評価する研究者たちのなかには、バートがこのようなメディアで取り上げられたことに強い違和感をいだく者も少なくありませんでした。しかし、データねつ造という科学の世界で最も許すべからざる行為の犯人としてメディアで流布されると、こうした違和感すら表明することもはばかられるようになってしまいます。ましてや当事者はこの世におらず、被告として弁論する機会も完全に奪われているのです。

それに果敢に挑んだのが、ロバート・ジョインソンとロナルド・フレッチャーでした。彼らはそれぞれ独立にそれぞれの関心から、バート事件のこの一方的な取り上げられ方に疑義をいだき、独自に調査を行って『バート事件』（ジョインソン、１９８９年[8]）と『科学・イデオロギー・メディア』（フレッチャー、１９９１年[9]）という本をそれぞれ著しました。

彼らの結論は一致しています。すなわち、「バートがデータをねつ造したことを立証する客観的根拠はなく、事件はメディアによって不当に誇張されている」というものです。まず数値の不自然な一致の少なくとも一部は、それが印刷の間違いであることを、生前すでにバートが認めていることを明らかにしました。存在が疑問視された2人の女性共著者も、それぞれの所在が確認されました。確かに論文が著された1950年以降、彼女らはバートの共同研究者ではありませんでした。またその期間に新たなデータが追加されたことは、バートの年齢と退職後の状況から考えて、ありえません。しかしすでに収集されたデータを、退職後に少しずつ起こして追加した可能性を否定することはできませんでした。

社会学者フレッチャーは、バート事件を裁判に見立て、被告の罪が法廷で立証可能かを検討するという筆致でその本を著していて、興味深いものです。弁論の陳述書にあたる各章では、たとえばBBC放送の番組制作に協力したジェンセンやキャッテルといった著名な心理学史者たちが、「中立的な立場で取材をしています」という番組制作者の言葉を信じて、長い時間をかけてバートの業績や人柄などを語ったにもかかわらず、そのなかからバートに都合の悪くなるようなごくわずかの部分だけをピックアップして放送されたことへの当惑の証言を得ています。また追加されたデータは存在しなかったという報道に対し、バートの近くで働いていた助手が、「ちゃんとみつかったのよ」とコメントしていたことも証言として取り上げられています。

バート事件をめぐっては、マッキントッシュが編纂した『シリル・バート――詐欺か無実か』[10]という本も大変興味深いものです。ここに紹介されたジェンセンのモノグラフ[11]には、バートの死を知らされて間もないジェンセンが、バートの秘書に彼の双生児データを譲ってほしいと伝えたところ、死後何日もたたないうちに、エジンバラ大学のライアム・ハドソンという教育心理学者から、もうバートのデータは意味がないから破棄しろとの命令を受けたので処分しました、という返事を得たという逸話が紹介されています。

†「知能の遺伝」批判を支えるイデオロギー

バート事件で、知能の遺伝に関する研究に強い反対を唱えるケイミン、レウォンティン[12]、グールドらは、いずれも自他ともに認める社会主義者です。東西冷戦盛んなころ、社会主義者たちは社会構造の変革によって格差を是正し、平等な社会を築き上げようという高い理想に燃えていました。彼らにとって、遺伝的な個人差の存在を科学的に示されることは、その理想への推進にブレーキがかかることになると考え、過剰なまでの反論を試みたのは想像に難くありません。

進化学者として著名なスティーヴン・ジェイ・グールドの著した『人間の測りまちがい』[13]は、データねつ造問題ではなく、バートが知能得点をさまざまなテスト結果から統計的に求めるのに用いた手法である「因子分析《いんし》」の批判に一冊まるまる充てられています。再版・増補をほとんどしないグールドが珍しくこの本で増補したのは、先に少しだけ紹介した知能の人種差を論じたハーンスタインとマレーの『ベルカーヴ』がアメリカ社会を賑わしたため、そのことに言及する必要があったからでした。

確かに人種差別が科学の名のもとに正当化されてはならないのは言うまでもありません。しかしグールドのバート批判は、バート批判を通り越して、統計学の一般的テクニックとして確立した因子分析という手法の考え方や技法そのものを批判の対象とするという無謀な試みになっており、残念ながら作戦失敗としか言いようがありません。ところが、このことを知らない専門家以外の人や、専門家であっても彼のイデオロギーに賛同する人は、相変わらずこの本の主張を、称賛をこめて引用しようとします。そこに筆者は大きな当惑の念をいだかざるを得ないのです。

†日本での紹介のされ方

わが国ではサトウタツヤ氏が、心理学のテキスト（『流れを読む心理学史――世界と日本の心理学』[14]）の中で倫理問題としてバート事件を取り上げています。サトウ氏はパーソナリティ論や心理学史研究でわが国を代表する心理学者ですが、氏の学問的な基盤は環境論と親和性の高い行動主義心理学にあり、遺伝研究に対して注意深く批判的であることが必要だと述べています。

しかし、本当にねつ造であったかどうかは全く問題にせず、事実であることを前提として、データのおかしさに気づかなかった心理学者たちの責任を問題視しています。ジョインソンやフレッチャーによる反証研究には一切言及されていません。その教訓自体は傾聴に値しますが、わが国において指導的な立場にある心理学者が、その最初の事実認識において自らの学問的イデオロギーのゆがみから逃れることができないところに、この問題の難しさが垣間みられます。

あるいは『オオカミ少女はいなかった』[15]で、心理学史上のいくつかの有名なトンデモ話を暴露しベストセラーを博した鈴木光太郎氏は、やはりバート事件に1章をさいて詳細にその経緯を物語化しています。鈴木氏はジョインソンとフレッチャーの書物を引用しているにもかかわらず、基本的にはバートがデータをねつ造したことは事実であるという認識で、その記述を一貫させて、数多くの憶測を挿入してその事実らしさを構築します。一節を紹介しましょう。

なぜバートはデータを捏造し、過去の共同研究者を著者や共著者に仕立ててまで論文を発表せねばならなかったのだろうか。以下は、私の推測である。

バートは、知能の遺伝説の立証をライフワークにしていた。（中略）実際、若い頃には一卵性双生児のデータを集めたことがあった。しかし（中略）機会を逸したまま、20年近くが経過していた。それに、そのデータは消失して、いまは手元にはない（引用注：これは確実とは言えません。助手による「あった」という証言もあり、死後直後に環境論者によって破棄されたという証言もあります）。では、どうすればよいか。記憶を頼りにデータを修復して、論文を書くしかない。こうして仕上がったのが1955年の論文である。しかし、そこには、自説に都合のよいようにデータ操作も加えられていた。論文を発表してみると、だれも疑う者などいなかった。研究を確固たるものにするために、データ数は増やしたほうがよい。では、そうしよう。（中略）彼の頭のなかでは、自分が作り上げたデータの数値がひとり歩きしていた。おそらく、バートは、データを捏造することで、自分の主張を自らが証明することになって、自己完結できたのだろう。（１０６ページ）

もうすでに、氏の憶測が独り歩きしている感が否めません。たしかに氏の言うとおりのことがあったのかもしれません。しかし状況証拠は「そうではなかったかもしれない」可能性（データの一部が残っていた可能性、それを少しずつ追加してゆく可能性、校正の時にミスをする可能性などなど）も十分に残していたはずです。だからこそジョインソンは裁判に見立てて「立件不能」と結論づけたのでした。

また、そもそもなぜバートがわざわざデータをねつ造してまで、その後の知能の遺伝研究が示したのと一貫する結果を氏の憶測するような「出来心」で、それに先んじて書かねばならなかったのか。また書くことができたのか。それはただの偶然だったというのでしょうか。さらにいえば、その目でみればだれでも見抜くことができる「同じ数値の繰り返し」を、なぜわざわざ意図的に論文に印刷物として発表したのか（本当にねつ造するつもりなら、逆にバレないようにほんのわずかだけでも数値を変えそうなものなのに)。私も同じように憶測を重ねてみますと、それまできちんとした業績で学会で輝かしい業績をあげてきたバートが、ただの出来心で意図的に、科学者としてもっとも恥ずべきねつ造をしたと確信するほどの根拠はないことに気づきます。

しかし、ここであえてバートの肩を持つ必要はないでしょう。もっとも科学的にとるべき態度は、「真実不明」「判決不能」にとどまることであるはずです。

にもかかわらず鈴木氏は、あたかも氏自身の想像が「ひとり歩き」するかのように、バートのねつ造話にリアリティを持たせようとしています。バートの結果が、その後の同じように別々に育てられた一卵性双生児の知能に関するブシャード(鈴木氏の本では「ブチャード」と書かれているが正しくはこう発音します)の相関係数と限りなく近い(バートでは0・771、ブシャードでは0・78)ことを指摘したハーンスタインのコメントに対し、「つまり、数字があっているから、捏造ではなかったという主張だ。これは無茶苦茶な論理だ」と書いています。無茶苦茶なのは鈴木氏の方ではないかと思われます。ここまで数字があっているのだから、ひょっとしたらねつ造ではなかったのかもしれないというもう1つの可能性を想起すべきなのに、それにまったく思い至らず、圧倒的マジョリティーが信ずるねつ造神話に完全に身をゆだねて想像を繰り広げているのです。

鈴木氏は、バートを紹介する章の後半で、双生児研究にはデータねつ造を許すような本質的問題点があると述べています（111ページ）。しかしそれは、「別々に育った一卵性双生児には類似や同調しやすい特殊ケースが含まれやすい」という可能性や、「類似性が強調される逸話が紹介されやすい」といった、行動遺伝学の研究全体からすれば、統計的誤差として無視できる末節の部分だけにとどまります。そして最後の節に至って、

だが、問題はその逆なのではないか。一卵性双生児は、まったく同じ遺伝子をもっているのだから、似てあたりまえなのだ（著者注：「あたりまえ」ではありません。たくさんのふたごさんを実際に見たことのある人なら、似ている一卵性も似ていない一卵性もいて、その似かた自体が千差万別であることに驚きます。その似かたをていねいに調べることによって遺伝子の発現の様子を明らかにするのが行動遺伝学です）。問題は、似ていないところがあるとするなら、なぜ似なくなるのかだろう。似るのが不思議なのではなく、不思議なのは、似なくなることのほうなのである。（117〜118ページ）

と述べます。行動遺伝学が似ているところと似ていないところの「両方」をともに考量する統一的で体系的な方法論をせっかく築いて研究しているにもかかわらず、その一切を無視して、似ていない方だけを強調する。

さらに同じ環境で育った一卵性双生児よりも別々に育った一卵性双生児が類似するという、これも必ずしも再現性が確認されているわけではない話を取り上げて、「同じ環境だからこそ、似なくなるのだ」と決めつけ、「このように考えてくると、一見単純明快そうに見えた一卵性双生児研究のロジックは崩壊する。別々に育てられた一卵性双生児と一緒に育てられた一卵性双生児を単純に比べるだけでは、遺伝と環境がそれぞれどの程度寄与するのかを明確に示すことはできないのだ」と雄弁に結論づけて章を閉じます。

†二項対立的な議論の罠

鈴木氏は数多くの心理学的に重要な海外の文献を紹介する優れた翻訳家であると同時に、心理学の幅広い領域について豊富な文献を読み込み、示唆と説得力に富む研究者でもあります。その鈴木氏の書いた、心理学の一般書としてはまれにみるほど数多くの人に読まれたこの本の中で、バート事件と双生児研究がこのようなかたちでしか紹介されないことが

遺憾です。彼は双生児による遺伝・環境研究の帰結について、

……結局どんなところに落ち着いたかというと、(論争の当事者たちはけっしてみとめないだろうが)個人差はある程度遺伝するし、環境によってもある程度形作られるという、どうでもいいような中途半端な結論である。(中略)問題は、両者がどのように相互作用し合うか、であるはずである。遺伝と環境という二項対立でものを考えるかぎり、新たな学問的展開など、期待できるわけがない。(119ページ)

と述べています。私はふたご研究の当事者ですので、たしかにこの部分は「けっしてみとめ」られないところです。遺伝と環境のどちらか一方ではなく、また二項対立ではなく、その両方からかならず影響を受けるという認識は、決して中途半端な結論ではありません。それどころか遺伝と環境の議論をするときに必ず立脚しなければならない視点なのです。

ところが、鈴木氏を含め、この一見あたりまえな視点をあたりまえと言って軽視する多くの識者が、実はいとも簡単に二項対立にたって物事を考え、遺伝か環境かのどちらかを強調した議論に陥ってしまう。かくして、双生児研究で重要なのは類似ではなく相違だな

どという、それこそがまさに二項対立的な議論を、あたかも本質であるかのように世間に向かって雄弁に論じてしまうのです。

†善意と正義が真実を歪める

このように鈴木氏の論考を名指しで詳細に批判したのはいささかえげつないのですが、氏の筆致がこのようにあまりにも雄弁で、多くの読者がこれを信じ込んでしまいそうなので、あえて反論を企てたのです。

判断はあくまでも読者にゆだねられるべきことです。ただここで私が言いたいのは、このようにバート事件は、真実が客観的には全く不明と判断されねばならない出来事が、善意の願望と正義の志によって、心ならずも歪曲して紹介されている可能性があるということです。そこには「遺伝子の影響があることが証明されると不幸になるかもしれない人たちを救いたい」という善意の願望が見え隠れします。また権威ある者ですら、いや権威ある者だからこそ犯してしまうであろう、過ちを暴こうとする正義の志にもこの話は支えられています。

善意と正義の名のもとに、私たちはそれに好都合な、えてしてわかりやすい話を疑いもなく信じてしまい、また信じさせられてしまう。ねつ造という不正とそれを糾弾しようとする正義とは、実は紙一重であるという、かつて志賀直哉が『正義派』で描いたようなわれわれの業《ごう》とでもいうべき真実の劇がそこから浮かび上がってきます。

しかもここで紹介した逆転劇は、欧米ではすでに20年以上も前に明らかにされ、いまではインターネットでだれもがみることのできるフリーの百科事典ウィキペディアの英語版にすら紹介されています。しかしながら、日本ではいまだにほとんどだれも知る人がおらず、それどころかこのように影響力のある心理学者たちによって、いまだにこの「ねつ造話」が既成の事実として紹介され、流布され続けているところに、「遺伝子の不都合な真実」をめぐる業の深さがあるのです。

遺伝と環境をめぐる議論は、生命の成り立ちの根本にかかわり、人間の心と行動のすべてに関係する基本的な現象を扱うことになります。したがって、それを科学的に明らかにしようとすれば、とても複雑で一筋縄ではいかない現象の山にさまよいこまねばならず、膨大なデータを前に、地味で謙虚な考察をしつづけなければなりません。そのために双生児法は、その議論に科学的根拠を与える有効な方法として、いまなお有効であることを次の章でお話ししましょう。

第２章

教育の不都合な真実

――あらゆる行動には遺伝の影響がある

前の章でバート事件を逆転劇として紹介したことに当惑を覚えた読者の方は少なくないと思います。以前からこの事件のことを知り、ねつ造を信じていた人にとって、あるいはそれは青天の霹靂《へきれき》だったかもしれません。またここで初めてバート事件について知った人も、事態が二転三転と込み入っていることに当惑されたかもしれません。

そもそもなぜ私がバート事件をわざわざあのように紹介して、せっかく葬ったはずの遺伝論をふたたび蒸し返そうとするのか、いぶかしむ読者は少なくないのではないでしょうか。ひょっとしたら、読者の方々の中には、私のことを危険な優生思想の持ち主と思った方も少なくないかもしれません。かつてナチスはユダヤ人が遺伝的に劣等であるという「科学的根拠」をもとに歴史上最大の大量殺戮《さつりく》を行いました。この著者はいままた「科学的に」、人間に遺伝による優劣があることを納得させ、それによる差別を正当化しようという下心をもっているにちがいない、だから環境論者から犯罪者扱いをされたバートを、冤罪として復権を願っているだろう、と。

†環境論が行動遺伝学と出会うまで――スズキメソッドの魅力

実のところ、私はふたご研究と行動遺伝学を志す前、実はピカピカの環境論者でした。

「才能は生まれつきではない」「人は環境の子なり」「どの子も育つ、育て方ひとつ」をスローガンに、幼いころからのヴァイオリンの早期教育を進め、いまや世界的に広まったスズキメソッドの創始者である鈴木鎮一《しんいち》の思想と実践に傾倒し、それを教育学の卒業論文のテーマとして研究していました。

鈴木鎮一の教育法は、「母国語の教育法[16]」というものです。頭のいい子も悪い子も、だれでも母国語をりっぱに話せている。母国語を学ぶのと同じ環境で育てれば、同じようにだれでもヴァイオリンを弾けるようになるはずだ。母国語はいつでもまわりでそれが聞こえている。そしてお母さんが話しかけてきてくれる。同じように家ではレコードを繰り返し聞かせ、母親がまずヴァイオリンを手に取って弾いてあげる。するとはじめは弓をもつだけですぐ飽きて投げ出していた子どもも、やがて一歩一歩、それを弾く真似を始める。できないからといって叱るのではなく、遊びのようにヴァイオリンを弾いていくうちに、それまでは天才的な少年少女でなければ弾けないといわれていたバッハやヴィヴァルディの名曲を、小学生

図2－1　鈴木鎮一

に上がる前から、ほとんどの子どもが弾けるようになる。鈴木鎮一の教育法はそれを実現しました。

私自身はスズキメソッドで学んだことはありませんでしたが、小学校5年生のころに、母の買ってきたアルトゥール・ルービンシュタインのショパンのレコードでクラシック音楽に目覚め、レコードを毎日繰り返し聞くうちに、自分も真似して弾きたくなり、だんだん上達した経験がありました。それがまさしくスズキメソッドに通ずるものだったので、とても興味をひかれたのでした。しかもスズキメソッドで教材に使われるレコードが名ヴァイオリニストのホンモノの名演奏であること、あのチェロの神様であるパブロ・カザルスが、スズキメソッドで学んだ子どもたちの合奏を聞いて「おお、おお」と涙を流し「私は、世界のどこにおいても、このような愛情と誠実の心に遭遇したことはない」と最大級の賛辞を贈った逸話など知り、さらに地元でスズキメソッドの教室を開いていらした先生もそのご家族もみんな魅力的だったことなどから、この教育法はホンモノにちがいないと確信したのです。そして鈴木鎮一が唱える「人は環境の子なり」という純粋な環境主義を、科学的に示してみたいと思って、大学院に進学したのでした。

いま振り返るととても単純な動機ではありましたが、鈴木鎮一が描き出す楽観的な教育観に触れると、もしもある能力の育成のために環境が完全に統制され、適切に設計されれば、だれもが、いかなる能力でも獲得できるような気がしたのでした。そのとき私は完全な環境主義の信奉者だったといえます。鈴木鎮一の教育法やそれを支える教育思想、教育的直観が卓越したものであり、おそらくそれはフレーベルやモンテッソーリ、あるいはシュタイナーの教育法に匹敵する教育史上の価値をもつという確信、そして人の成長において教育と環境がきわめて重要であるという認識は、いまでも私自身の中で変わっていません。しかしながら私自身の研究関心は、その後それとは180度正反対の、遺伝を明らかにする立場へと変わっていったのでした。

一般に、教育をする側にとっても、それを受ける側にとっても、遺伝をいわれるのは不都合なことです。能力が遺伝で決まっているなら、もはや教育は無意味ですし、教育に意味があるなら、それは遺伝で決まっていてはならないことになるでしょう。にもかかわらず教育学徒としてもっとも不都合ともいえる「遺伝」に、私が関心と真実をみいだそうとしたのはなぜだったのでしょうか。

†遺伝に真実をみいだすまで──「IQと遺伝」3部作との出会い

教育における遺伝・環境問題を、環境主義の立場から研究しようと慶應義塾大学社会学研究科大学院に進学したのは1981年でした。

修士の時は、実のところ遺伝・環境問題で教育研究を進めてゆくことができるのか、いや、そもそも博士課程に進むことすらできるのか見通しも立たず、自信がなかったのですが、当時の指導教授であった並木博先生（現早稲田大学名誉教授）が「遺伝・環境問題は教育の基本問題だし、だれもやっていないから、10年もやれば第一人者になれる。絶対に解決のつかない問題だから一生やっても食いっぱぐれることもないからやりなさい」と励ましてくださり、手探りで文献を読み漁るところから始めたのでした。その時、並木先生から紹介されて出会ったのが、第1章で紹介したジェンセン、ケイミン、ハーンスタインの「IQと遺伝」3部作だったわけです。

そのときの印象としては、確かにケイミンの知能の遺伝批判は科学者が範とすべき秀逸なものでしたが、ジェンセンの引用する膨大なデータに基づく首尾一貫した緻密な論考を前にしては、重箱の隅《すみ》をつつく揚げ足取りのように感じられ、木をみて森をみていないという感じがしました。

やはり科学者にとっては、データが語ることがすべてです。そしてデータの背後には、そのデータが生み出される厳然で確固とした「現象」があり、それはそれを解釈する人間の思惑を超えてあきらかに「実在」するものである――これは自然科学者にとっては当然のことです。そしてジェンセンやハーンスタインは、あくまでも自然科学的な対象として人間における遺伝と環境に関して実在する現象をみようとしてデータを使います。

ところが社会科学者であるケイミンはその「何かをみようとする人間（つまり研究者）の営み」をみようとし、「どうみようとしているか」の方を重視します。多くの社会科学者にとって、人間についての現象は自然現象ではなく社会的な現象です。それは人間の思惑《おもわく》によって意図的であれ無意図的であれ、構築されていくものと考える傾向があります。だから遺伝の影響も、それをみようとする人たち、それをとりあげたがる人たちがいるからあるかのように語られるととらえられて、それがどのような「見方」でデータを収集し、結果を解釈するかに関心が向かいます。そしてその「見方」によって解釈がゆがめられている可能性を慎重に検討します。

これは科学的成果を批判するときの正しい常套手段ですが、その場合、批判する側はしばしばはじめに「何かをみようとしている人間」とは異なる見解をあらかじめもっていることが多く、だからこそ批判を試みるわけです。そして往々にして、自分自身は体系的なデータをとろうとせず、すでに書かれた文献の中に問題点をみつける作業に力を注ぎます。ケイミンのジェンセン批判、バート批判も、遺伝と環境がどのように関わっているかを自分で真正面から検討しようとしているのではなく、先にジェンセンやバートの研究があって、それを否定しようという思惑をもって、遺伝の影響を示した研究の問題点を個別に探し出そうとしている。これ自体は科学的な営みの一部として重要でしょう。しかしそういう自分の営み自体が、初めから「何か特定の見方」にしばられています。

遺伝と環境をみようとしている人たち、すなわち行動遺伝学者たちの示す結果は、巨視的なレベルで一貫していました。心理的現象に遺伝の影響は確実にある。データは、方法を多少変え、調査対象を多少変えても、繰り返しそういう結果を示しています。そこで、別々に育ったふたごのあるケースは同じ村の外れ同士だったとか、ある論文ではテストの方法が厳密に書かれていないので、遺伝論に都合のいい解釈がされている可能性があるとかいった「疑わしさ」をほのめかして、その議論全体に怪しい印象を与えようとする書き方には、逆にいかがわしさが感じられました。とくに行動遺伝学の多様な論文を読み漁るにつれて、その印象はますます強くなるようになりました。

†行動遺伝学とはなにか？

知らない人からは誤解されるのですが、行動遺伝学は「遺伝論」ではありません。次節で紹介するように、それは理論的にも方法論的にも、遺伝と環境の「両方」をみることのできる科学です。ですから遺伝の影響が本当になければ、それがないこともきちんと検証することができる。つまり「遺伝も環境も両方論」に立っています。

一方、ケイミンをはじめ、前章でバート研究を依然としてねつ造事件として紹介したがる人たちや行動遺伝学の批判者たちは、遺伝の影響を否定あるいは過小評価し、環境の効果を強調したがります。その意味で彼らは無自覚であれ確信的であれ「環境論者」であるといえます（「遺伝があるのは当然だ。しかし重要なのは環境なのだ」という言い方のように）。そこで環境論者が行動遺伝学の成果をみるとき、「遺伝も環境も両方論」との差である「遺伝」が気になる、だからそれに「遺伝論」というレッテルを貼りたがる、そういう構図になっていることに気づきます。しかしそれはもはやイデオロギーにすぎないといわねばなりません。

私が大学院の博士課程に入った1983年は行動遺伝学にとってもエポックメーキングな年でした。その年の『児童発達 Child Development』誌、これは発達心理学の中でも最も重要な学術雑誌の1つですが、そこで「発達的行動遺伝学」の特集が組まれたのです[17]。ジェンセン事件を機に、風当たりの強くなった行動遺伝学が、その後10年を超す時間をかけて、科学的に妥当な批判（双生児や養子のサンプリングバイアス、後述するような一卵性と二卵性が同じ環境で育つという等環境仮説の妥当性の検証など）に応え、アメリカやオーストラリアを中心に、双生児の長期にわたる大規模な追跡研究が数多くなされ、それらがこの特集号で一気に紹介されたのでした。

こうした研究が一貫して人間の心理行動的側面におよぼす遺伝の影響の存在を示すのを知ったとき、むしろその当たり前の結果を受容できないことの方が問題なのではないかと思いいたるようになりました。人間も他のあらゆる生物と同様に遺伝子の産物です。ですからそこに遺伝の影響があるのは自明すぎるほど自明ではないか、と。

教育の重要性、環境の重要性はいうまでもありません。遺伝を理由に人を差別してはならないというのも当然のことです。しかしだからといって、遺伝による個人差があるという事実を無視したり否定しようとするのは、いかにそれが善意と正義に満ちたものであっても、知的に誠実であるとは言えないはずです。必要なのは、まさに「遺伝も環境も両方論」、つまり遺伝の影響をきちんとみすえたうえで、環境とのかかわりを理解し、設計していくことしかない。この結論は論理的に必然の帰結としかいいようがありません。

私が教育学徒でありながら、教育にとっての不都合な真実ともいうべき「遺伝」を研究するようになった最大の理由は、科学的エビデンスがそれを示していたからという、論理的な理由に他なりませんでした。遺伝の影響があることも事実、環境や教育が重要であることも事実、それらを両立させることのできる考え方が示されればよい。至極単純な論理です。

ところが残念ながら、少なくとも近代の遺伝学が成立して以来、西欧化された民主主義的な社会において、「遺伝をふまえて環境を理解し設計する」ことで成り立つ良き社会は、実現はおろか、構想されもしてこなかったといえましょう。私たちはまだ優生学の呪縛に縛られているのです。それを乗り越えるにはまず、遺伝と環境の両方をみすえることのできる行動遺伝学的な（筆者が「遺伝マインド」と呼ぶようになった）視点が必要だと思うのです。そこで次節では、ピカピカの環境論者だった私が説得させられてしまった双生児法による行動遺伝学の理論と方法、そしてその成果についてご紹介したいと思います。

†双生児法とはなにか？——一卵性双生児と二卵性双生児の類似性を考える

バートの研究でも問題となったふたごの研究法、つまり双生児法とはなんなのでしょうか。そのロジックは簡単です。それはふつう一卵性双生児と二卵性双生児の類似性を比較するという方法を取ります。

一卵性双生児、これは読んで字のごとく、1つの受精卵からうまれたふたごです。ですから遺伝情報は全く同じと考えられます。もしこの2人がよく似ていたとしたら、それは遺伝による可能性が高いことになります。しかし2人が同じ家庭で育っていたら、共有する家庭環境からも似てくる可能性があります。ですから同じように同時に同じ家庭で育った二卵性双生児の類似性と比べてみます。二卵性双生児は、これも読んで字のごとく、2つの受精卵から同時にうまれたふたごです。ふつう受精卵はひとつひとつ別々にできあがりますから、二卵性双生児とはふつうのきょうだいが同時にうまれたのとほぼ同じなのです。ですから似かたもふつうのきょうだいと同じくらいですし、男女のペアもあります。

二卵性双生児やふつうのきょうだいは、お互いに遺伝子を半分程度共有しています。なぜなら自分の持つどの遺伝子も、お父さんとお母さんがもともと2つずつペアでもっていた遺伝子の半分を、ババ抜きのように確率的に受け継いだものですから、自分のある遺伝子と同じ遺伝子をきょうだいが持つ確率はふたつに1つ、つまり半分（50％）になるわけです。それがすべての遺伝子について言えるので、遺伝的類似性も全体的には50％が期待できます。

このように一卵性（遺伝的類似性100％）と二卵性（50％）では、遺伝の類似性が2倍もちがいます。でも育った環境は同じです。ですから、もし二卵性双生児と比べて一卵性双生児が似ていたら、それは遺伝の影響によるものだと推察できるわけです。

†「類似性」をいかに見分けるか？

ここで注意してほしいことがあります。ここでいっている「似かた」「類似性」というのは、ある一組のふたごについていっているのではありません。それはたくさんのふたごを集めたときの全体の傾向をさしています。

たとえば生まれたばかりのときの体重についてふたごの類似性を一卵性と二卵性で比べてみようとしたとき、ある一卵性は3200gと3300g（その差100g）、またある二卵性は3100gと3500g（その差400g）、だから一卵性の方が似てるといっているのではありません。これはいずれもたまたまみつけたふたごについてですから、ひょっとして別のたまたまみつけた一卵性を比べてみたら、それは２８００gと３３００g（その差５００g）、またべつの二卵性を比べてみたら２５００gと２７００g（その差２００g）などということがあるかもしれません。すると一般的にみて一卵性が二卵性とどれくらい類似性が違うかを議論することができません。そうではなくて、類似性を特定のケースに縛られない一般的な形であらわさねばなりません。

そこで双生児研究では、ある集団の中においてできるだけ全体を代表するように参加していただいて集めた（統計学的には「抽出した」といいます）サンプルからデータを集め、類似性を相関係数という数字で表します。これは前章でバートのねつ造疑惑発覚のお話をしたときに紹介した数値で、ふたごのペアの数値の間に完全な類似（一致）があれば１、完全に無関係であれば０となります。

図表２－２をみてください。これは筆者の研究グループで集められた２４３組の一卵性双生児と88組の二卵性双生児のきょうだいのＩＱについて、きょうだいの一方をx軸、もう一方をy軸として、１組１組をグラフ化したものです。もしきょうだいの値が２人ともすべて全く同じであれば、ここの図は斜め45％の直線になるはずです。しかしそこから隔

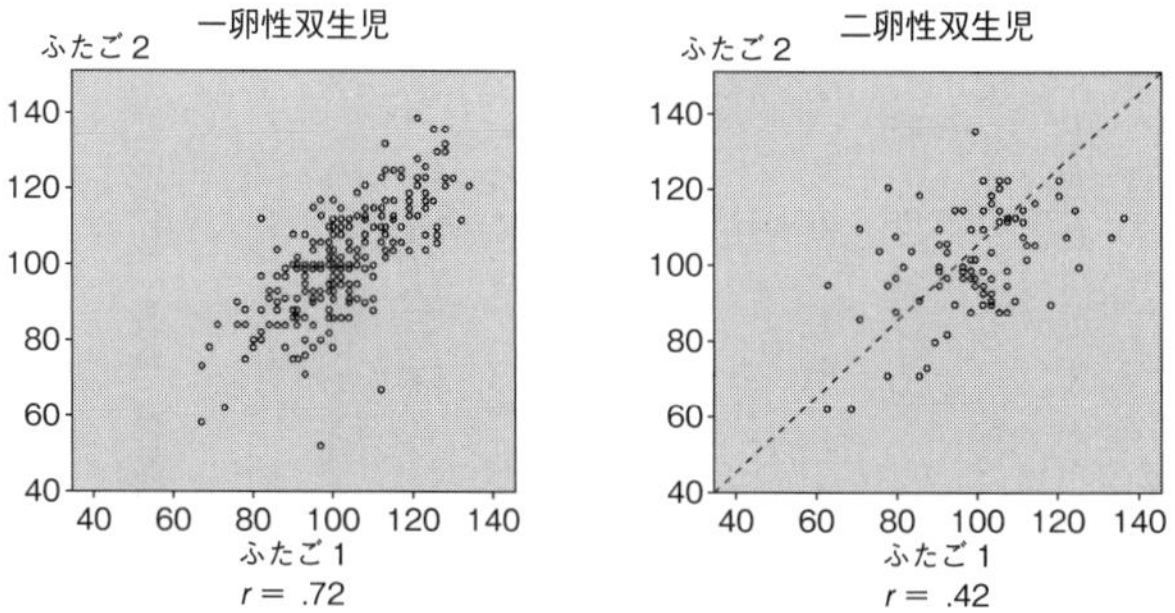

図表2－2　ふたごのIQの関係
似ているほど斜め45%の直線になる

たりがあるぶん、きょうだい間にズレがあることを示唆します。一卵性双生児も二卵性双生児も、それぞれ完全な一致からのズレがありますが、全体としてみたとき、そのズレが一卵性双生児よりも二卵性双生児のほうがいくらか大きいことがわかるのではないでしょうか。

言い方を変えれば、一卵性双生児の方が二卵性双生児よりも似ているといえるわけです。個別にみれば二卵性のあるペアよりも差の大きな一卵性はいます。二卵性でもまったく同じＩＱ得点のペアもあります。しかし全体としては一卵性の方が似ている。

この似ている具合を数値化するのが相関係数です。このデータでは一卵性双生児の相関係数が０・７２、二卵性双生児が０・４２と算出されます（相関係数の出し方はどんな統計学のテキストにも載っていますので、興味のある方はそちらを参照してください）。

†ふたごの指紋、身長、体重はどこまで似るか？

また図表2－3は指紋の隆線数、身長、そして体重のふたごの相関係数です。

指紋の隆線数とは図表2－4に示される白線の上に指紋の線が何本あるかを数えたものです。一卵性では0・98、つまりほとんど1・00にちかく、ほぼ完全に一致していま す。それに対して二卵性では0・49。つまり一卵性のちょうど半分になります。これは指紋の線の数が遺伝によってほぼ決まっていることを示す強力な証拠です。実際、指紋の線を増やすために努力した人などいないでしょうし、食べ物が違うと指紋の数が変わるとも思えません。まさに遺伝によってその数がほとんど決まっていることに、そう驚きは感じないと思います。このような形質では、ふたごの相関係数はほぼきれいに、その遺伝子の共有の度合にあった2：1の関係になります。

しかしながら、ほぼ遺伝によって決められている指紋隆線数も、完全な一致である1・00には至りません。一卵性双生児といえども、微妙な違いがあることもまた、この相関係数の値は示しています。実際、一卵性双生児の指紋を見比べてみると、模様が微妙に異

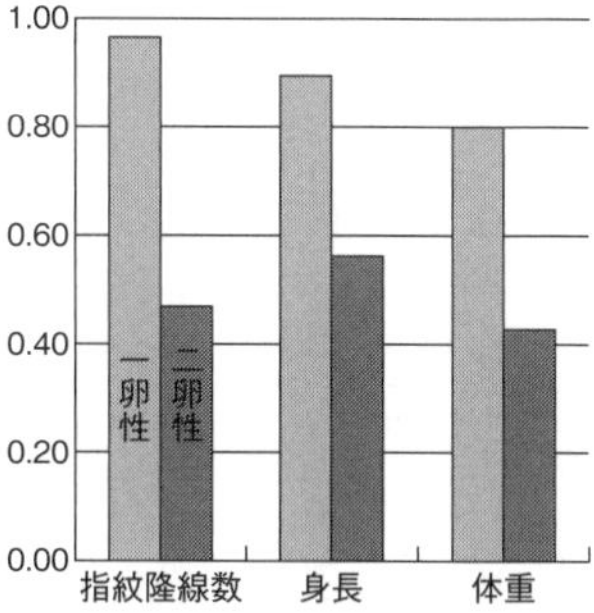

図表2－3　ふたごの指紋隆線数・身長・体重の関係

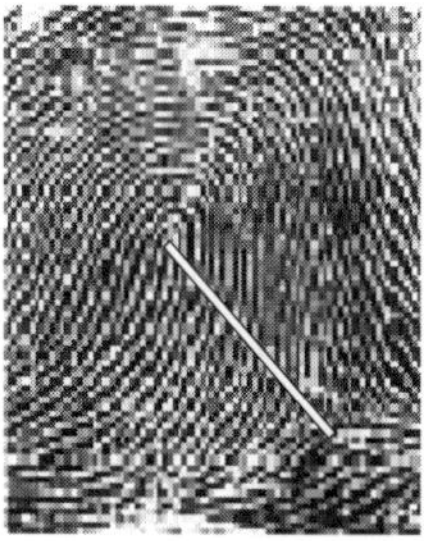

図表2－4　指紋隆線数
白線を横切る隆線数の本数

なります。ですから、銀行のＡＴＭなどで指紋認証をすると、一卵性双生児のきょうだいも違う人物だと正しく認識されるのです。それが１・００に満たない０・０２分に相当する違いなのです。

次に体重の相関係数をみてみましょう。一卵性は０・８、二卵性はほぼ０・４となっています。指紋隆線数の場合と比べると、相関係数の値はやや低くなっています。特に一卵性でも類似性が低くなった、つまりふたごのきょうだい間に違いが大きくなったということは、遺伝によらない影響、つまりなんらかの環境要因が指紋の場合よりも効いていることを示しています。

しかしいっぽうで、ここでも一卵性と二卵性の相関係数の比は２：１、つまり遺伝子の共有度の比と同じになります。ここから考えられるのは、ふたごの体重の類似性については遺伝要因だけで説明がついてしまうということ。いいかえれば、同じ環境で育てられたことの効果、たとえば同じものを食べていることや生活習慣を共有することからくる環境による効果を想定しなくてもよいということです。もしそのような環境の効果が十分にあるとしたら、二卵性双生児の類似性は指紋のような遺伝だけで決まる場合のように一卵性の半分程度の値にとどまらず、それ以上の類似性を示すはずです。ところがそうでないということは、体重の類似性には遺伝要因しかかかわっていないということになります。

そんなバカな、と思われるかもしれません。同じ油っこいものを一緒に食べたり、間食などをさせないきちんとした食習慣を身につけているかいないかが体重に無関係のはずはないじゃないか。もちろん関係します。しかしそのような食べ物の好みや食習慣の作り方、それ自体にも遺伝の影響が関わっているのです。環境とのかかわり方や環境からの影響の受け方自体に遺伝の影響があるから、結果的にその成果としての体重にもその影響が表れていると考えられます。これが行動遺伝学の遺伝に対する考え方なのです。

しかし体重がすべて遺伝によって決まっているわけではありません。もしそうなら一卵性の相関係数は完全を表す「1」になるはずです。そうではなく0・8になるのは、一卵性にも体重の差異をもたらすような、きょうだいひとりひとり違った環境の影響がみられるからです。行動遺伝学では、遺伝要因とは別に家族のメンバーを類似させるような環境を「共有環境」、家族のメンバーをひとりひとり異ならせるような環境を「非共有環境」と呼んで区別します。体重について、もしすべての家庭で、家族がつねに同じ食べ物を、本人の好みや生活習慣に関わらず、いつでも同じ量だけ食べるというようなことがあれば共有環境の影響があったかもしれません。しかしそのようなことは考えにくいでしょう。むしろ同じ屋根の下で暮らす一卵性のきょうだいでも、ある程度の好みや食習慣の差異のある方が自然です。ですので、体重の場合は「非共有環境の影響はあるが、共有環境の影響はない」と考えられるわけです。

共有環境や非共有環境が具体的に何であるのか、それはどんな表現型に関する環境かによって異なり、簡単に特定することができません。見かけ上「同じ」家庭環境のもとにいたとしても、それが家族の類似性に寄与しなければ共有環境とは呼ばないからです。

たとえば一卵性のきょうだいのどちらにも厳しいしつけをする親がいたとき、どちらにとっても品行方正な態度を育てるのに寄与していれば、それは共有環境です（子どもが親から引き継いだ遺伝的素質の影響はないと仮定します）。しかし一方は品行方正に育て、それをいつもみている他方はふたごのようになりたくないとかえって反発心を育てたとしたら、親の同じしつけ行動が「非共有環境」として効くことになります。どの形質についてはどのような環境が具体的に共有環境として働くのかは、それ自体緻密な研究が必要となるのです（たとえば学業成績の共有環境／非共有環境については148ページで紹介します）。

†ふたごのIQはどこまで似るか？

ここでIQについてのふたごの相関係数に絞ってみましょう。一卵性は0・72、二卵性は0・42でした。IQを指紋や体重と同じように扱うなんて無謀だと思う人がいるかもしれません。指紋や体重は物理的な実体として測ることができますが、IQはそれと比べると物理的実体がなく、テストのパフォーマンスを得点化したものにすぎません。

しかし同じように数値化されたものさしで測られたものであるという意味で、ふたご研究では同じように扱います。同じように扱えるというのが強みだといえるかもしれません。もしそれがおかしなことであれば、おかしな結果が出てくるはずです。その判断は、いろいろな基準から多角的にしなければなりませんが、たとえばこのIQについてみれば、指紋や体重同様に、やはり二卵性双生児よりも一卵性双生児の方が高い値を示していること、しかもいずれもそれなりに高い値を示していることが、遺伝の影響があると判断するその妥当性の1つの証左となっているといえましょう。

IQテストをしたことがある人なら察しがつくと思いますが、あれをやっているときはかなり一生懸命になります。ふたご同士で同じように解こうとか、わざと同じように違えて解こうなどと考える機会もゆとりはありません。限られた時間の中で、いろいろな問題を、できるだけ早くたくさん解くことが求められます。その結果、人それぞれに異なるパフォーマンスが生まれ、そこから一定の手続きを経て、成績がつけられてIQの値に換算されます。

その過程の一切に、意図的に一卵性の値を二卵性の値よりも似通ったものにさせようという人為が入る余地はありません。にもかかわらず、遺伝子を100％共有する一卵性が50％しか共有しない二卵性よりも高い類似性を示す。これは指紋や体重と同じような「何か」が背後にあることを想定したくなるような結果と言えましょう。それが遺伝だというわけです。

†IQと指紋や体重の遺伝は異なるか？

しかしＩＱのふたごの相関係数は、指紋や体重の場合と異なるパターンになっていることに気づきます。指紋や体重のふたごの相関係数は、一卵性と二卵性とできれいに２：１の関係になります。これがそれぞれの卵性の遺伝子の共有度に対応することは、これまでに繰り返し述べてきました。ＩＱでも同じように、一卵性と二卵性の相関係数の比が２：１と予測するなら、一卵性が０・７２なら二卵性は０・３６あたりになりそうです。

ところが実際はそれより大きい０・４２となっています。つまり遺伝で予想される以上に二卵性双生児は似ていることになります。これはなぜでしょう。

そこには、さっき紹介した共有環境の影響、つまり家族を互いに類似させるように効く環境の効果が関わっていたからだと考えられます。基本的に一卵性と二卵性の相関係数を２：１の比で類似させる程度（０・６０と０・３０）は遺伝によるが、しかしそれ以上に二卵性が似るのは共有環境（０・１２）によるものであるという発想です。もちろん共有環境の影響は一卵性双生児にも効いています。ですから、その相関係数の内訳は、図表２－５のようになります。

このようにＩＱでは指紋や体重と異なり、実質的な家庭環境の影響がみられるのです。これも納得のいく結果ではないでしょうか。勉強熱心だったり、知的な会話を好む親のも

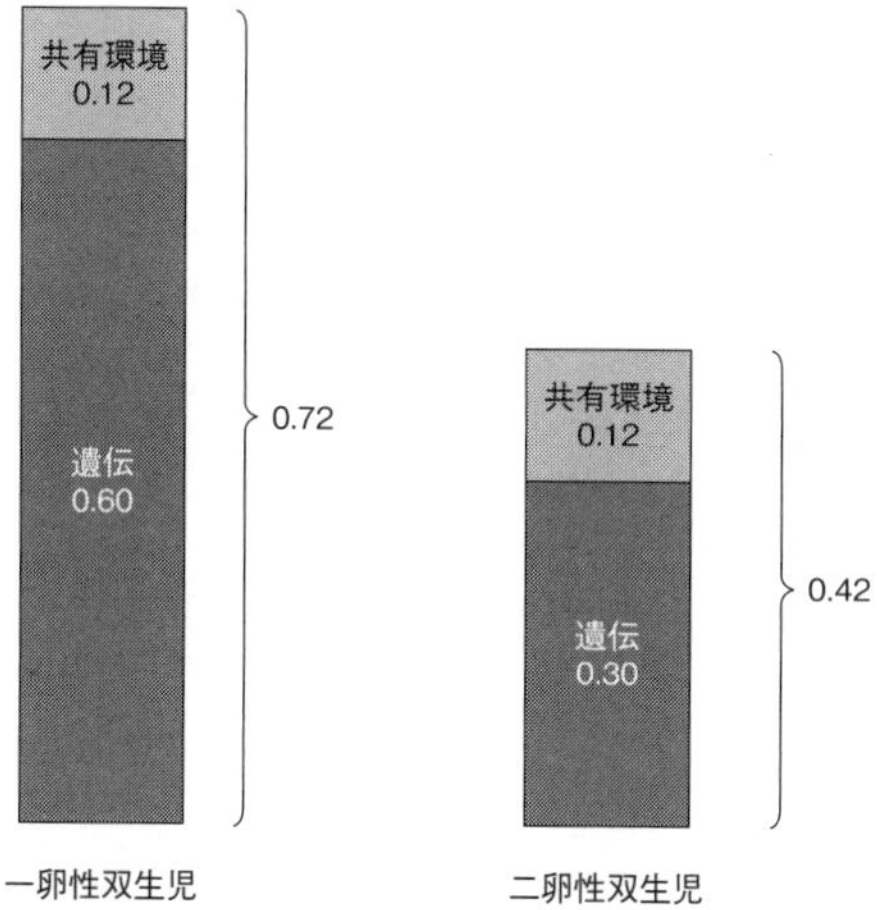

図表２－５　ふたごの相関係数の内訳
遺伝による予想以上に二卵性双生児が似ている場合

とで育てられた子は、やはり勉強熱心になりやすく、知的会話を子どものころから聞いて育つので、ＩＱが高まるのは十分考えられることです。実際、そのようなことを示すデータは第４章で紹介するように数多くあります。

遺伝の影響もあるが、家庭で共有される環境の影響もある。こうした常識にきちんとあった結果が出ることからも、ＩＱのような物理的実体を伴わない心理学的形質についても、双生児法は遺伝と環境の影響を明らかにするうえで妥当性をもつ方法であることを示していると言えるのではないでしょうか。

†遺伝と環境の影響関係は算出できる

このようにふたごの相関係数が与えられると、遺伝と2種類の環境（共有環境と非共有環境）の影響力の程度を算出することができるというのが行動遺伝学のミソです。

行動遺伝学はこの遺伝と環境の影響力の推定を、「構造方程式モデリング」という統計学の手法を使って行います。この手法をきちんと説明するためには軽く2年分の統計学の授業が必要となりますので詳細を説明することはできませんが、イメージを図示すると図表2－6のようになります（もしここからの統計の手続きのはなしが面倒だと思われる方は、75ページまで読み飛ばしてくださってもかまいません）。

指紋や体重やIQは、一般に「表現型」にあたります。表現型とは「遺伝子が発現して目にみえるような形となって表れたもの」で、背後にはそれをつかさどる遺伝子のセット、つまり「遺伝子型」があります。血液型の場合、遺伝子型が「AA」や「AO」なら表現型はA型、遺伝子型が「BB」「BO」なら表現型はB型になるという具合ですが、指紋や体重、IQのようにその量や程度が問題になるような表現型は「量的形質」とよばれ、その背後にはたくさんの遺伝子のセットを想定します。この考え方をポリジーン（「ポリ」は「たくさんの」、「ジーン」は「遺伝子」を意味します）といいます。

このような量的形質の表現型の個人差には、遺伝子型の個人差（図表2－6の中の「遺伝」と書かれた丸）がまず関与します。それが「遺伝」から「表現型」に引かれた矢印が意味することです。しかしそこには遺伝要因だけではなく、今までに述べてきたような「共有環境」と「非共有環境」も関わっています。この3つの要因の効果が足し合わさって、「表現型」の個人差ができあがることをこの図は示しています。

この図は、ただ単にイメージ図であるだけでなく、実際この図に示すモデルをコンピュータプログラム上に実装させて、実際のデータを読み込んで、これに合うよう各要因の重みづけ（a^2、c^2、e^2であらわす）を計算させることができます。それが「構造方程式モデリング」と呼ばれる手法です。この手法では、ただ重みを計算するだけでなく、そこで推定された数値がどれだけ実際の数値とマッチ（適合）しているかも、適合度指標という数値を用いて評価することができます。無理やり方程式を解いても、その答えが実際とずれているほど、適合度指標は

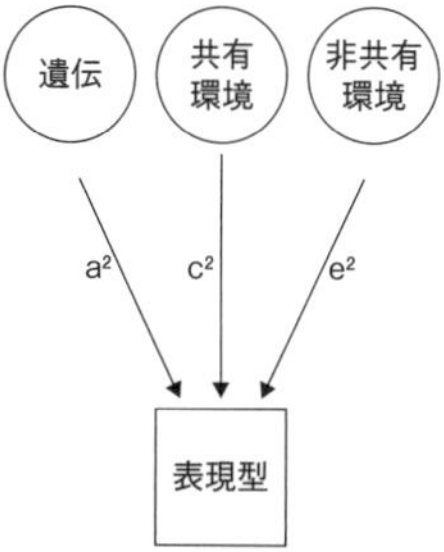

図表2－6　構造方程式モデリングによるふたごの遺伝・環境解析モデル（フルモデル）

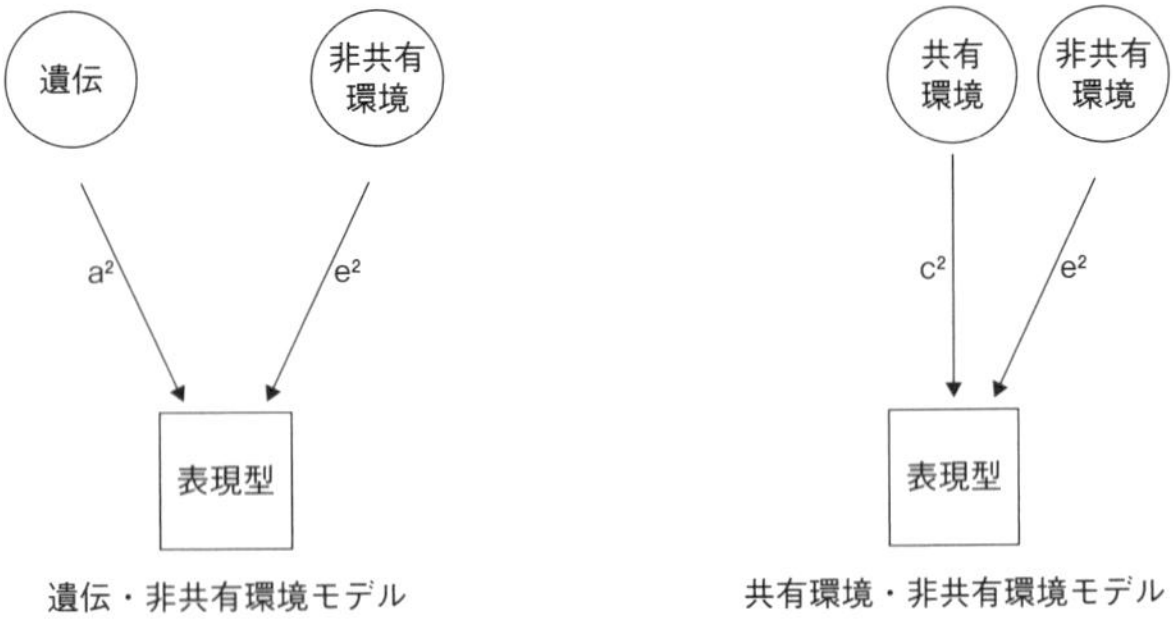

図表2－7　構造方程式モデリングによるふたごの解析モデル
いずれのモデルの適合度が高いか、はっきりさせられる

悪くなるため、よりデータにマッチしたモデルを選び取ることができるというわけです。

双生児の類似性を説明するためのすべてのこのモデルは、遺伝・共有環境・非共有環境のすべてを考えた「フルモデル」を基にして、次に共有環境が関わっていないことを仮定した「遺伝・非共有環境モデル」を、そして遺伝が関与していないことを仮定した「共有環境・非共有環境モデル」をそれぞれ立てて、各要因の重みづけ（a^2、c^2、e^2であらわす）を計算させることができます（図表2－7）。そしてそれぞれのモデルの適合度指標も計算されます。

そうするといずれのモデルが一番適合度が高いか、つまり遺伝要因も共有環境もあるのか、そのうちのどちらか一方の影響はなくとも説明ができるのかをはっきりさせることができるわけです。行動遺伝学が「遺伝も環境も両方論」であり、イデオロギーではなくエビデンスをもとに、遺伝の影響があるのかないのか、共有環境を無視できるのかできないのかを証明することができるというのは、こういう手法があるからなのです。

図表2－8に、パーソナリティのさまざまな側面をアンケートで調べて得点化した値について計算した一卵性470組と二卵性131組の相関係数の値があります。このデータに構造方程式モデリングを用いてフルモデルに基づいた各モデルごとに、実測値と推定値のズレをもとに算出した適合度指標（ここではその値が小さいほどモデルへの当てはまりが良いと判断される赤池情報基準AICという統計量を用います）と、そしてそれぞれのモデルのもとでの遺伝と環境の要因の相対的な寄与率を図表2－9に掲げます。

どのモデルでもそれぞれに遺伝と環境の相対的な寄与率の推定値が算出できるのですが、そのなかで一番、適合度指標が最も小さく、最も当てはまりの良いのは「遺伝・非共有環境モデル」であるという結果が出ました。つまり共有環境がないことを想定したモデルが、最も良くふたごの類似性を説明できるのです。

図表2－10には、いま述べたパーソナリティも含めて、主要な心理学的形質についてのふたごの相関を示しました。また図表2－11はそこから構造方程式モデリングで推計した

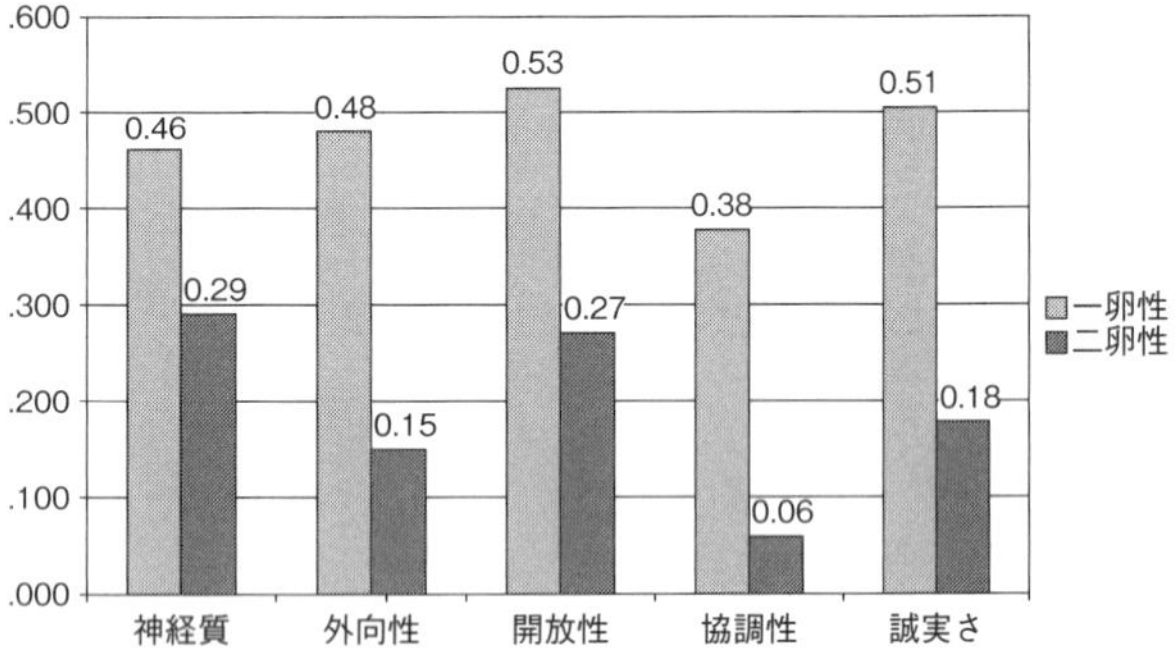

図表2－8　ふたごのパーソナリティの関係

	モデル		適合度	遺伝	共有環境	非共有環境
神経質	フルモデル		8333.22	0.40	0.07	0.53
	遺伝・非共有環境モデル	＊	8331.45	0.47	—	0.53
	共有環境・非共有環境モデル		8338.27	—	0.42	0.58
外向性	フルモデル		8076.82	0.46	0.00	0.54
	遺伝・非共有環境モデル	＊	8074.82	0.46	—	0.54
	共有環境・非共有環境モデル		8084.48	—	0.42	0.58
開放性	フルモデル		7345.57	0.44	0.07	0.48
	遺伝・非共有環境モデル	＊	7343.75	0.52	—	0.48
	共有環境・非共有環境モデル		7351.73	—	0.47	0.53
協調性	フルモデル		7495.99	0.37	0.00	0.63
	遺伝・非共有環境モデル	＊	7493.99	0.37	—	0.63
	共有環境・非共有環境モデル		7504.25	—	0.31	0.69
勤勉性	フルモデル		7935.19	0.50	0.00	0.50
	遺伝・非共有環境モデル	＊	7933.19	0.50	—	0.50
	共有環境・非共有環境モデル		7951.63	—	0.43	0.57

適合度は AIC という統計量を用いており、値が小さいほど適合度が高い
＊が最適モデルで、いずれも「遺伝・非共有環境モデル」であることがわかる

図表2－9　遺伝と環境の相対的な寄与率

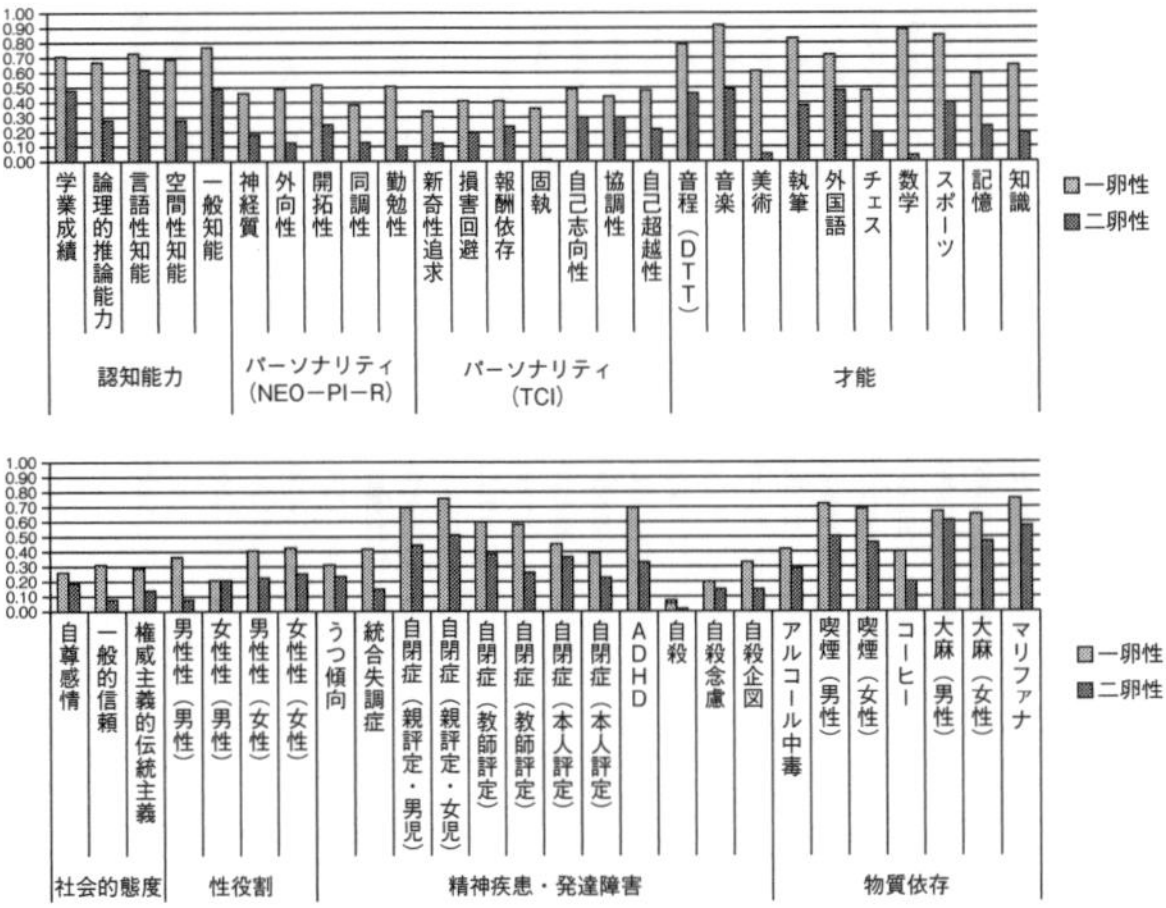

図表２－10　ふたごの主要な心理学的形質の関係

最適モデルのもとでの、遺伝と環境の相対的な比率を表しました。ご覧のように、多くの形質において遺伝・非共有環境モデルが最適です。つまり共有環境がない場合が多いのです。そしてほぼすべての形質で、かなりの遺伝の影響があることがおわかりでしょう。

†行動遺伝学のメッセージ

行動遺伝学が導き出した第１のメッセージは、このように「行動にはあまねく遺伝の影響がある」ということです。ここで遺伝の影響の大きさにみられる凸凹はあえて問題にしません。これは違う人たちによるデータをもとにすれば、違っ

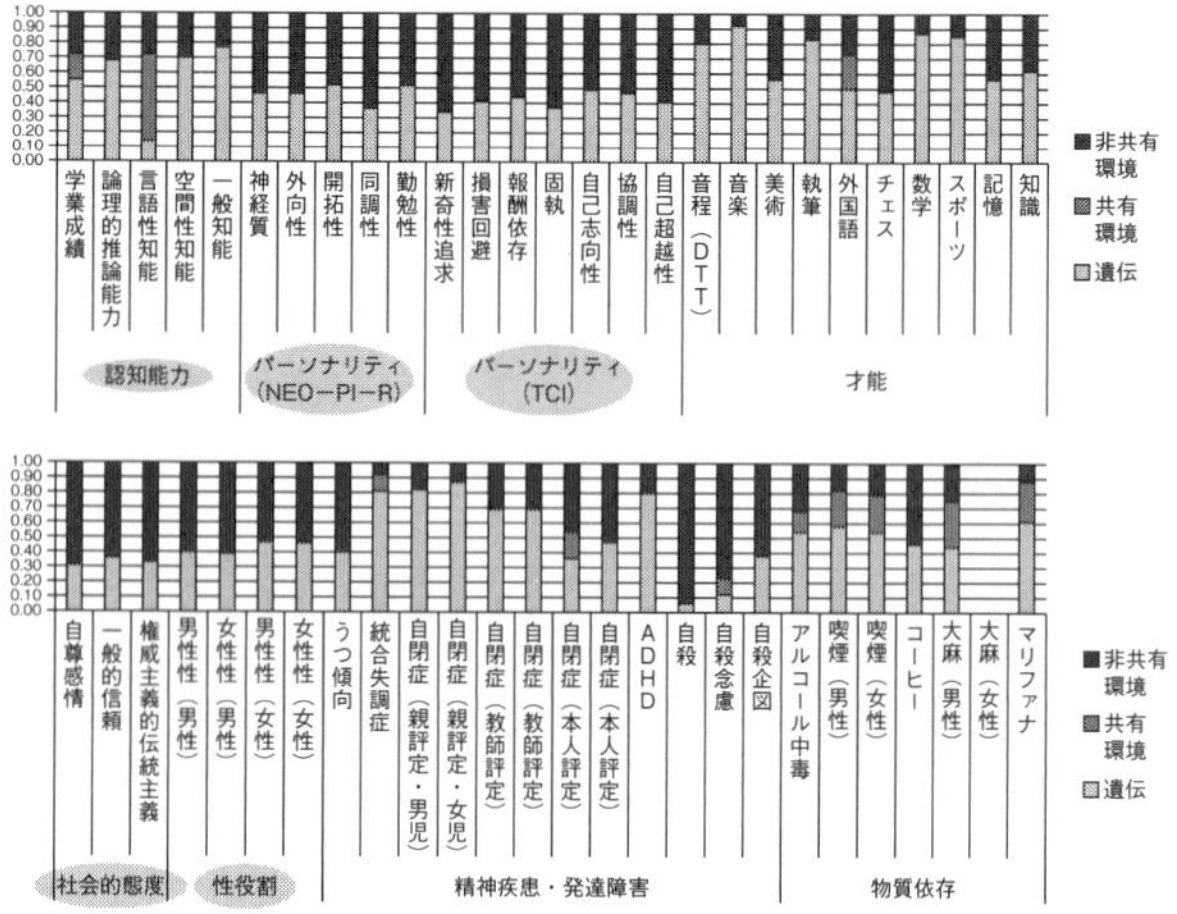

図表２－11　構造方程式モデリングによる遺伝と環境の比率

た値になります。多かれ少なかれ、どんな行動の側面にも遺伝の影響がある、そこが重要なのです。

もう1つのメッセージは、「共有環境の影響がほとんどみられない」ということです。これがみいだされるのは、先に述べた知能（ＩＱ）の中でも言語性知能、学業成績、それからタバコ、アルコールなどの物質依存などです。物質依存は、まさに物質的なものが家庭にあるかないかによって、その発現が左右されるであろうことを思えば納得がいくでしょう。しかしそれ以外のほとんどの心理的形質に、家族を似させる環境の影響はほとんどみいだせないのです。この話題は、第

4章「環境の不都合な真実」であらためて触れていきましょう。

共有環境の影響がほとんどみられないからといって、環境の影響がないわけではありません。これらの結果は、同時に「個人差の多くの部分が非共有環境から成り立っている」ということをも示しています。非共有環境についても、第4章「環境の不都合な真実」で考えてみたいと思います。

†行動遺伝学の3原則

いま挙げた3つのポイントを、あらためて整理しましょう。

①行動にはあまねく遺伝の影響がある
②共有環境の影響がほとんどみられない
③個人差の多くの部分が非共有環境から成り立っている

この3つのポイントは、行動遺伝学の成果の中でもかなり一般的な特徴を集約していま す。ですから、これを行動遺伝学の3原則と呼ぶことすらあります。原則ですから、もちろん例外もあります。それはあらためて取り上げることにしましょう。

†どのように親から子へ遺伝するか?

行動遺伝学を学ぶなかで、「遺伝」という概念が、私たちが素朴に使う意味と、実際に遺伝子が働くときの意味と、ずいぶん異なることもわかりました。

最も陥りやすい誤解は、遺伝が「親の特徴をそのまま子どもが受け継ぐこと」と考えてしまうことです。「知能には遺伝が関わっている」と聞くと、決まって「ああ、頭のいい子は両親もいい大学出てるもんね」というような話になってしまいます。無理もありません。「遺伝」とは「遺《のこ》し伝《つた》える」と書くのですから。

しかしそれが誤解なのです。遺し伝わっているのは、親の持つ遺伝子の半分だけです。子どもには父親の半分の遺伝子と母親の半分の遺伝子、つまりまるごと伝わって来るのではありません。しかもそれが2万個以上あって、それぞれ2つのうちのどちらが受け継がれるかはババ抜きのようなものです。そして今までに一度もなかった新しい組み合わせが生まれます。

これを模式的に描くと図表2－12のようになります。たとえば身長とかＩＱとか、なん

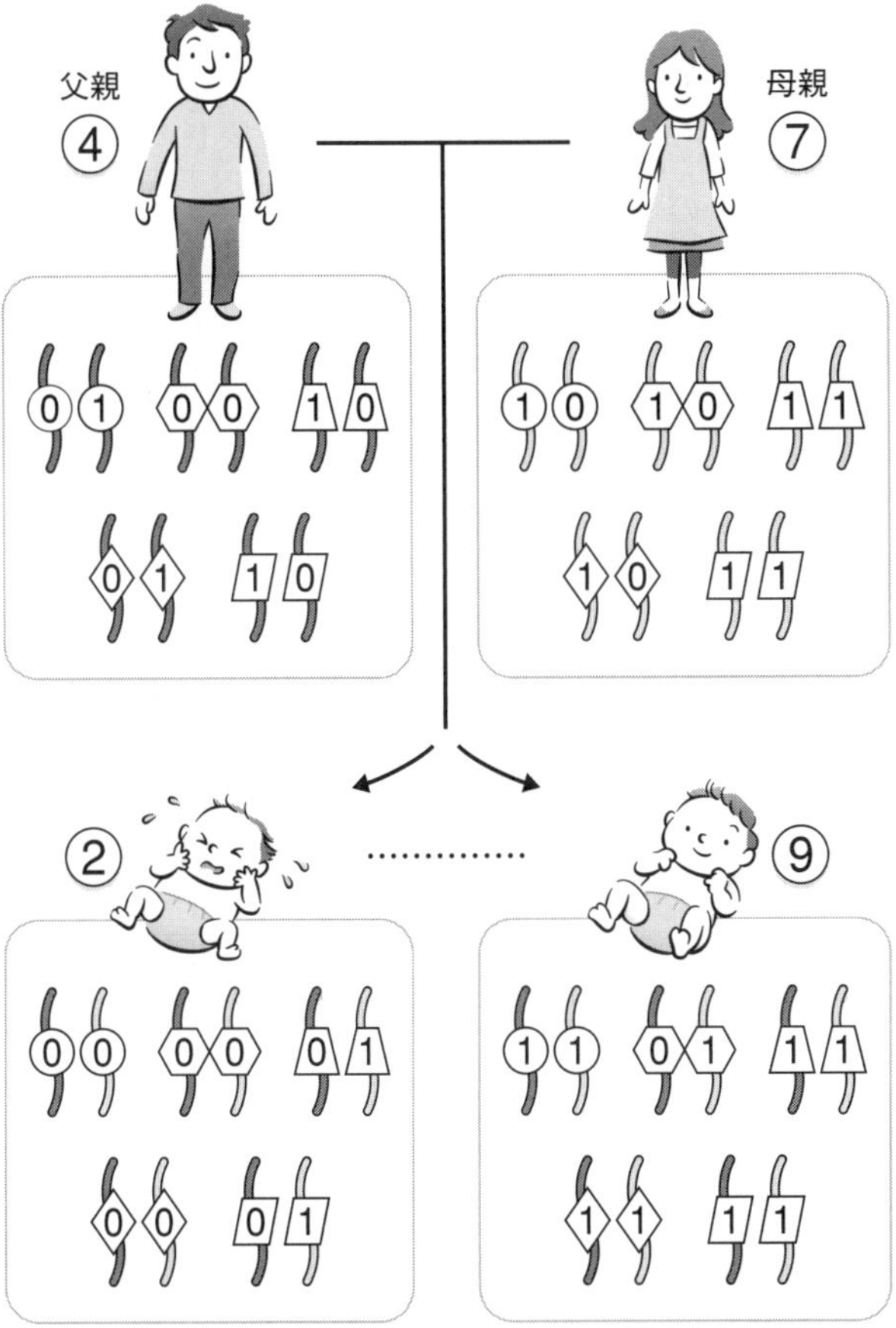

図表２－12　父母からの遺伝の模式図
バババ抜きのように、どちらか一方の遺伝子をそれぞれ受け継ぐ

らかの量的に変化する形質に関わる遺伝子が、5対の染色体の上にそれぞれ1つずつ乗った5対の対立遺伝子から成ると仮定しましょう。そしてそれぞれには、身長やIQを平均より高くする効果を持つ遺伝子（1）と平均程度にとどめる遺伝子（0）の2種類があるとしましょう（ほんとうは平均より低める遺伝子［−1］を入れて考えるべきですが、ここではわかりやすさのため省略します）。この5対10個の遺伝子の効果量の合計が、父親、母親それぞれの身長あるいはIQの遺伝的素質の高さとします。この場合、父親は4、母親が7になります。このようにどこに遺伝子があろうと、効果量はその全体の足し算としてモデル化するのが量的遺伝学の基本的な考え方で、それを「相加的遺伝効果」と呼びます。

この遺伝子たちは、子どもにそれぞれの対立遺伝子のどちらか一方が伝わります。もし父親、母親とも、それぞれのペアのうち値の小さい方が伝わるとしたら、その組み合わせのもつ効果量はどちらの親よりも小さい2にしかなりません。あるいは大きい方が伝わると、どちらの親より大きな9という値になります。そしてこの両親からは、この2つの値をそれぞれの極とした、図表2－12のような範囲の遺伝的素質をもった子どもが生まれる可能性があるわけです。

実際には関わる遺伝子の数ももっと多いですから、子どものバリエーションも細かく、分布も滑らかになります。もちろん確率的には両親の値を足して2で割ったあたりの子どもが生まれる可能性が高く、その意味では両親の値が高ければ値の高い子どもが、両親の値が低ければ値の低い子どもが生まれる可能性が高いのは事実です。しかしそれ以上に、多様なバリエーションが生まれる仕組みがあるということが重要なのです。

†「遺伝は遺伝しない」という逆説

これは個々の遺伝子の効果が足し算的に効くパターンでした。しかし遺伝子は簡単に足し算で説明できないものが少なくありません。

メンデルの法則で有名なえんどう豆の形も、丸としわを掛け合わせると、丸さ加減が半分になるのではなく、みんな丸になってしまいました。これを「優性の効果」と呼びましたが、遺伝子にはこのように足し算ではなく、組み合わせいかんによって効果の異なる効き方をするものが少なくないのです。これを「非相加的遺伝効果」と言います。

そうなると親と子はもっと似てきません。なぜなら親のもっていた組み合わせは、子どもへ伝わるときには2つに分かれてどちらか一方しか伝わらないので、配偶者が偶然に同じものを受け継がない限り、同じ組み合わせは生じないからです。また図表2-13のよう

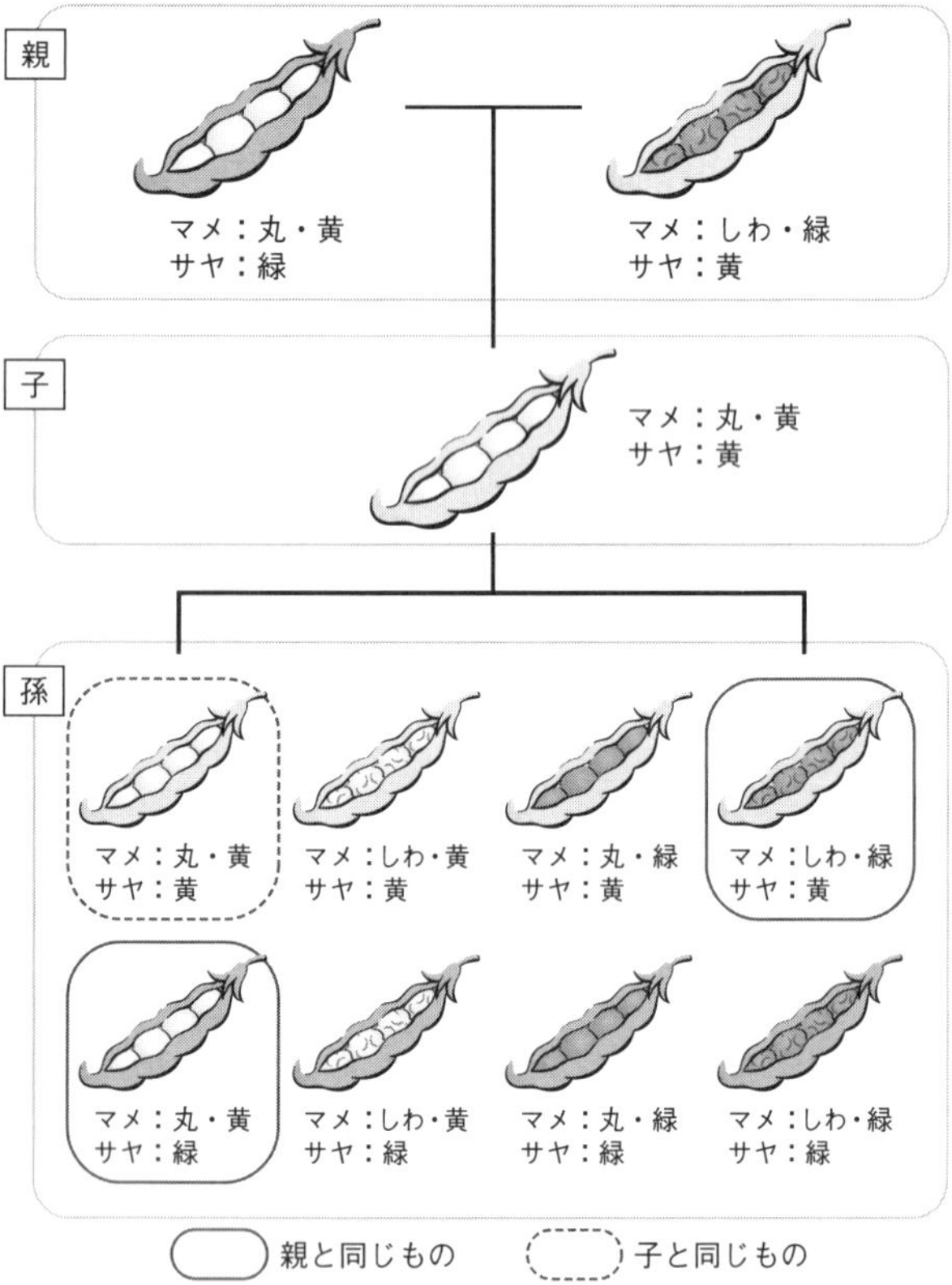

図表2－13　エンドウ豆の「優性の効果」
法則に従う形質が組み合わされると、親と同じになる確率は低くなる

に優性の効果を示す形質を3つ（マメの色、形、サヤの色）組み合わせてみると、その組み合わせすべてが自分の親やそのまた親と同じになる確率はきわめて低くなります。ましてポリジーンはもっとずっと多数の遺伝子の組み合わせが関与するものです。

†新しい個体を生み出す仕組みが遺伝子にはある

ですから、「遺伝の影響があると親と同じ性質をもった子どもが生まれる」という先入観は捨てなければなりません。親の学歴が低くとも勉強のよくできる子どもが生まれる可能性も、親が有名な大学教授なのにとんでもなくできの悪い子どもが生まれる可能性も、どちらも「遺伝的」にありうるわけです（もちろん大学教授の中にもいくらでもヘンなのがいますので、そのヘンさ加減がそのまま「遺伝」している可能性もありますけれど）。

相加的遺伝の効果、非相加的遺伝の効果を合わせて考えてみると、親とおなじ遺伝的素質をもった子はむしろ非常に現れにくいことを意味します。むしろ常に古今東西一度も生まれたことのない新しい個体を生み出す仕組みが遺伝子たちにはある、というほうが本質的と言えるかもしれません。ですから逆説的に「遺伝は遺伝しない」とすらいうことができるのです。

一昔前、一家に子どもが5人も10人も生まれていた時代なら、同じ親からもいろんな子どもが生まれることは実感でわかっていたはずです。しかし遺伝だと「遺伝とは親の性質を運命的に引き継ぐことになる」と考える。それが遺伝を忌《い》み嫌い敵視する大きな源となっています。ですからそれが先入観にすぎないことを認識しておくことは大変大事なことです（と、しつこく念を押しても、この本を読み終えるころに多くの人がこれを忘れ、遺伝とは親の性質を受け継ぐことと思い続ける、それくらい強い先入観ですので、もう一度このことは肝に銘じてください）。

年をとるほど遺伝の影響は大きくなる

さらに「遺伝は一生変わらない」という先入観にもよく陥るのですが、遺伝の影響には年齢によって変化する場合があります。

図表2－14はＩＱにおよぼす遺伝と環境の影響の大きさをしらべた数多くの研究をまとめ、児童期、青年期、成人期ごとにプロットしたものです。ですから個別の研究よりも信頼性の高い結果と言えます。ご覧のように、年齢が上がるにつれて遺伝の影響が大きくなることがわかるでしょう。年をとればそれだけ経験の量が増して、そのぶん環境の影響が

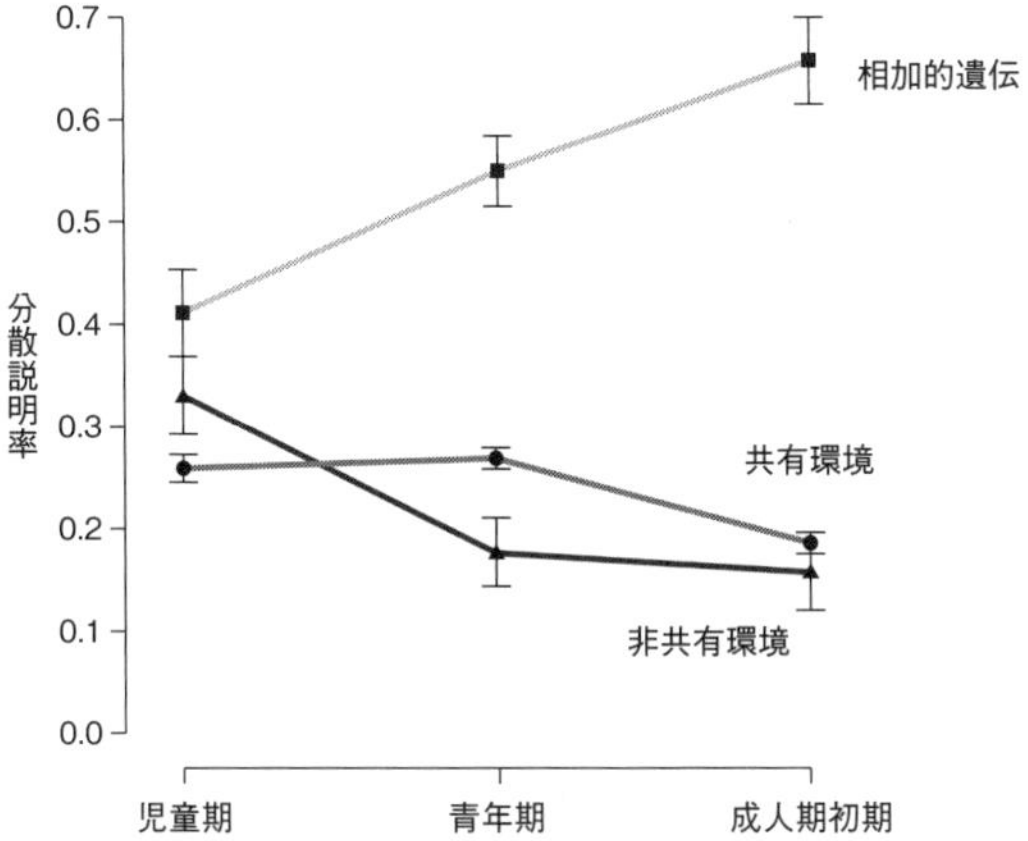

図表２－14　児童期から成人期初期にかけて、認知能力に及ぼす遺伝の影響は大きくなる（Harworth, et al., 2010）

大きくなりそうなものですが、逆に遺伝の影響が大きくなることがあるのです。

この現象をどこまで心理現象一般に適用できるかは今後の研究にゆだねなければなりませんが、すくなくともＩＱについての遺伝的影響の増加傾向は多くの研究で再現され、かなり普遍的です。これらのデータをみると、ヒトは生まれてから成人に向かうにつれて、さまざまな環境にさらされさまざまな経験を積むなかで、だんだんと遺伝的な「自分自身」になろうとしているようにみえてきます。

†遺伝は「学習の仕方」に関与する

もうひとつの先入観は、遺伝の影響を

一種の「本能」のようにとらえ、「学習」をしなくても自動的に表れると考えてしまうことです。そうすると、英語の成績に遺伝の影響があるということを、「一度も英語をみたことも聞いたこともない人に自然と英語を話す能力が備わっている」という意味に受けとめられてしまいます。

もちろんそんなことはありません。学校で学ぶ英語や算数や理科の知識にせよ、社会で学ぶ製品の作り方や営業の仕方にせよ、違う時代の違う文化、みたこともない未来の世界で学ばなければならない未知のことについても、学習して習得しなければならないことに対して、その学習の仕方に関わるさまざまな条件（学習内容ののみこみの速さや正確さ、興味ややる気や努力など）が、遺伝的な条件の違いによって異なっているという意味なのです。ですから遺伝イコール学習できない・教育できないという意味ではまったくありません。

教育学徒として、はじめ不都合な真実と思われた遺伝の影響の存在も、それがこのような形で明らかにされると、これを受け入れざるを得ない事実であると思うようになりました。あらゆる行動に遺伝の影響がある（行動遺伝学の第1原則）、それはむしろ自然の摂理、生物としてのあたりまえの本性ですらあり、それに対して「不都合」などと考えることの方が傲慢で無謀ではないか。だからその摂理は受けとめたうえで、あらためて教育というものを考え直してみよう。これが筆者が行動遺伝学を知ることによってとろうと考えた教育学徒としての立場でした。

行動遺伝学の第1原則に従えば、IQはおろか、国語や数学の能力も、音楽も体育も家庭科も、友達と仲良くすることややる気をもつことや努力することも、学校や社会で学ばねばならないあらゆる知識や技能や態度には、その人の遺伝子たちの発現のかたちとして遺伝による個人差が現れ、それを得意とする人と得意にできない人がいることを意味します。

特に学業成績は、もともとIQのような一般的な情報処理能力とかなり関係していますから、学業成績の良い人は、全体としておしなべて良い、悪い人は残念ながらおしなべて悪いという構図が出来上がる。これは決して快いものではありません。また教科による得意不得意の違い、1つの教科のさまざまな内容に対する好き嫌い、さらには授業中の異なる場面場面で発揮される多様な能力やモティベーションの持ち方、またそれを学習するときに築き上げられる学習環境の作り方、たとえば先生や仲間との関係、教材との向き合い方、そしてその教材の背後にあるその文化全体とのかかわり、これらはすべて、その人がある状況の中で発現する「表現型」であり、遺伝的条件の現れとみなすことができます。むしろ不都合なのは環境に関する知見でした。特に家庭で共有される環境の影響がみられない。生まれてからずっと重要だったはずの親の育て方の影響がほとんどみられないのです（行動遺伝学の第2原則）。ましてや学校やおけいこ事など、「教育」の名のもとで期待される環境からの働きかけは、本当に期待通りの力が発揮できるのか疑問になります。

教育の側からみると、たしかに遺伝子は一見、不都合な存在のようにみえます。しかし遺伝子の側からみると、教育のあり方の方がむしろ不都合な存在なのではないかと思えてきます。行動にあまねく遺伝子の影響がある以上、そしてその遺伝子の組み合わせが人によって異なる以上、いくら学校でみんなが同じことを同じ時間かけて学んでも、そこには成績の出来不出来、能力の得意不得意があるのは当然なはずです。

ところが、学校ではそれが好ましくないものと考えられ、勉強のできない子は努力が足りないとか、しかるべき時にしかるべきしつけができていなかったと考えられて、本人や親に負の烙印《らくいん》を押されがちです。こちらのほうが、真の意味で遺伝子の不都合な真実なのではないか。こんな問題が浮上してくるのです。

第３章

遺伝子診断の不都合な真実

——遺伝で判断される世界が訪れる

前章では、ふたごの研究から「人間の心や行動にも遺伝子が関わっている」ということがわかってくることをお話ししました。このことがわかると、いったい世の中はどのようなことになるのでしょう。

きっとこんなことを想像する人が少なくないのではないでしょうか。近い将来、遺伝子検査によって、子どもの才能や性格の長所短所などが生まれたときに正確にわかるようになる。さらには、親のもつよい遺伝子を選び出して人工授精をしたり、優れた遺伝子に改変したりして、「望ましい子ども」を計画的に作り出せるようになる、と。

†『ガタカ』――望ましい子どもの世界

このような世界が現実となった近未来をリアルに描いた有名なSF映画に、『ガタカGATTACA』(1997年作品、アンドリュー・ニコル監督、主な出演はイーサン・ホーク、ジュード・ロウ)があります。

舞台は「健康で優れた遺伝子」を選んで人工生殖することが当たり前となり、自然生殖がもはや野蛮なものとみなされて、個人の遺伝情報が日常的にチェックされ管理されるようになった社会。そこであえて親の意思により遺伝学者ではなく神の手に任せて「愛の結

図３－１　遺伝子工学が発達した『ガタカ』の世界

晶」として生まれた主人公には、案の定さまざまな遺伝的欠点があり、次に「適正な生殖」で生まれた弟との差をいつも身に沁みながら成長します。しかし彼にはある野望があり、努力に努力を重ね、違法なことをしてまでもその志を成し遂げようとします。その過程で、遺伝的には完全と目せられながら、その期待を実現できなかった失意の男と出会い、ふたりの人生が交錯します。ネタバレさせては興ざめですので、彼らのどんな人生がどのように描かれたのか、くわしいことは書きませんが、いやがうえにも遺伝子が人生にどのような意味をもたらすのかについて深く考えさせられる名作です。

印象的なシーンだけ紹介しましょう。まず主人公の出産の場面です。赤ちゃんの足から一滴の血液が採取され、その場ですぐに遺伝子検査が行われます。両親が聞き耳を立てるなか、コンピュータが自動的に打ち出した検査結果を看護婦が淡々と読み上げていきます。「精神疾患の発生率60％、躁うつ病42％、ＡＤＨＤ89％、心臓疾患……」（ここで初めて看護婦は少しハッとした表情をして）「99％……。早死にの可能性あり。推定寿命は30・2歳」。

ヴィンセントと名付けられたこの子どもを、両親は愛情深く育てます。しかしすでにいろいろな健康上の問題や差別を味わわされ、次の子の「生殖」にあたってはその時代の「自然な」仕方を、もはや当然のこととして受け入れます。その場面もこの映画は上手に描いています。近未来的なイメージの清潔な医務室の中で、コンピュータスクリーンに映し出された4つの受精卵を前に、誠実で慈愛深そうな黒人の医師が、両親と話をします。

医師　健康な男子と女子が2人ずつ残っています。遺伝性疾患の要因はなし。あとは選ぶだけです。まずは性別から……。ご希望は？

母親　弟を作りたいんです。ヴィンセントの遊び相手に……。

医師　いいですね。（脇で無邪気に遊ぶヴィンセントに向かって親しげに）やあ、ヴィンセント。

ヴィンセント（無邪気な笑顔で、しかし弱々しく）ハーイ。

医師（問診票をみながら）ご希望は……、薄茶色の目と黒髪と、白い肌……ですね。（にこやかな笑顔で）有害な要素は排除しました。若禿、近眼、酒その他の依存症、暴力性、肥満……。

母親（やや困惑の表情で父親と目くばせしながら）もちろん病気は困りますが……。

父親（母親の言葉を引き継ぐように）ある程度、運命に任せるべきでは？

医師（やさしく説き伏せるように）お子さんに幸せなスタートをさせてあげたいのでしょう？　すでになんらかの不完全さも持ちあわせているはずです（ここで画面は一瞬ヴィンセントの方に視線を向ける母親を映し出す）。ハンデは無用です。お2人の子どもです、しかも最高の。何千人に1人の傑作です。

これは荒唐無稽な絵空事ではありません。遺伝子検査は、すでに断片的な形ではありますがビジネスの形で日常の中に入ってきました。アメリカでは23アンドミー、ナビジェネシス、デコードといった会社がたくさんの形質について遺伝子検査を行っています。ちな

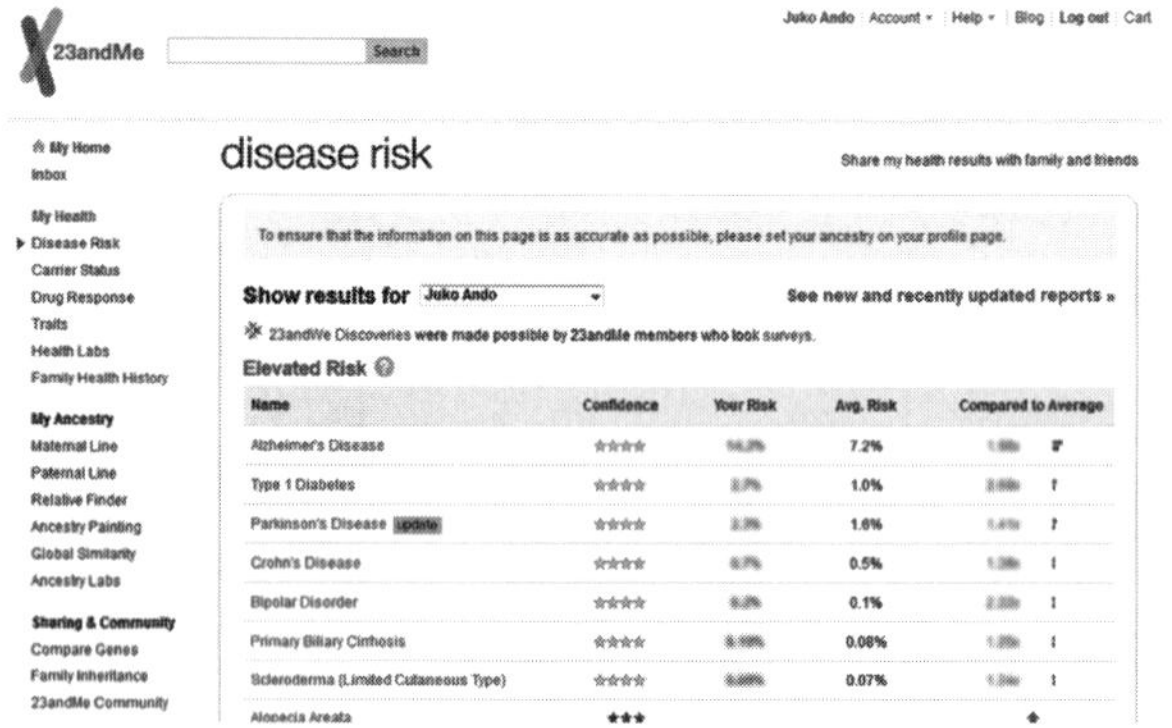

図表3－2　アメリカの遺伝子検査会社「23andMe」の筆者の結果
「アルツハイマー」「1型糖尿病」「パーキンソン病」「クローン病」「双極性障害」「肝硬変」「強皮病」「円形脱毛症」の発症確率が具体的に示されている
協力：㈱理研ジェネシス

みに図表3－2は23アンドミーに私の遺伝子を検査してもらった結果の一部[18]で、何百種類もの疾患や身体的、精神的形質の結果が科学的根拠といっしょに詳細に報告されています。日本でもインターネット上に、肥満や美容のための遺伝子検査を謳う会社がサービスを開始しています。2010年には、あとで詳しくお話しするように、能力や性格の遺伝子検査を行う会社までも参入してきました。『ガタカ』の世界は、確実にすぐそこまで迫っています。

†遺伝的個性が作られるしくみ

こんにち地球上のほとんどの生物は、

親から子どもに遺伝子を受け渡される際に、両親それぞれがもつ2つ1組になった遺伝子（対立遺伝子）のうち、ババ抜きのように、そのどちらか一方の遺伝子をそれぞれ受け継ぎます。こうして父親からと母親からの半分ずつの遺伝子が組み合わさって、新しい組み合わせの遺伝子型が1セット形作られる。そのセットが子どもの遺伝的個性を作り上げるわけです。

このとき、親の持つ対立遺伝子のどちらが伝わるかは、まったくの偶然、ヴィンセントの父親のいうように「運命の手」によります。もともと地球上の生物は、自分の遺伝子をみることも触ることも、ましてや選ぶこともできませんでした。ところが人間はそれを「できる」ようにする知識と技術を手にしようとしています。これはどのようにして可能になるのでしょうか。

なにごともまず、それを「知る」ことから始まります。それが「研究のレベル」です（図表3－3）。そもそも知能や性格や精神疾患は遺伝するのか、それを確かめなければ話は始まりません。それをしているのがふたご研究です。

それによって遺伝子が関わっていることがわかると、つぎにするのは遺伝子の所在をつきとめることです。ここからは分子生物学の世界に入ります。

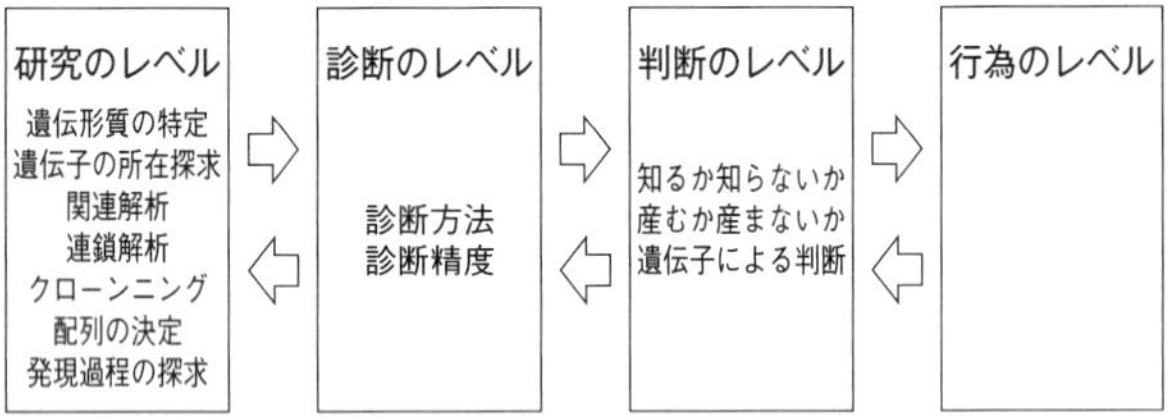

図表3－3　研究のレベル

遺伝子を「知る」ことから始まる

一口に「遺伝子の所在をつきとめる」といっても、なにしろ遺伝子は目にみえるものではありませんから簡単ではありません。それはただ小さいというだけでなく、これが目の遺伝子、これが骨の遺伝子、これが知能の遺伝子と、何かはっきりとした輪郭をもった形をしているものではないからです。遺伝子たちはアデニン（A）、チミン（T）、シトシン（C）、グアニン（G）という4種類の塩基が1列に何百万も並んだDNA（デオキシリボ核酸）というらせん状の物質の、その塩基配列のなかに、世にも複雑な暗号のように埋め込まれています。

たとえば図表3－4は、DRD4と呼ばれるドーパミン第4受容体の遺伝子をコードしているDNAの塩基配列です。これが、その前後にある外見上は似たような、しかし意味を待たないスペーサーと呼ばれる膨大な長さの文字列の間に、ところどころとびとびに埋め込まれているのです。ヒトのD

1	gagcgggttc	agcagtggca	ccatggggaa	cagcagcgct	actgaggacg	gtgggctg
61	ggccgggcgt	gggccaaaat	ccctggggac	tggggccggg	cttgggggcg	cgggcgcg
121	ggcgctggtg	gggggcgtgc	tgctcatcgg	cttggtgttg	gcagggaact	cgctcgtgt
181	cgtgagcgtg	gcctccgagc	gcacgctgca	gacacccacc	aactacttca	tcgtgagc
241	ggctgctgcc	gacctcctcc	tcgcggtgct	ggtgctgcct	ctctttgtct	actccgag
301	ccagggtggc	gtgtggctcc	tgagcccccg	tctctgtgac	acgctcatgg	ccatggac
361	catgctgtgc	accgcctcca	tcttcaacct	gtgcgccatc	agcgtggaca	ggttcgtgg
421	cgtgaccgtg	ccgctgcgct	acaaccagca	gggtcagtgc	cagctgctgc	tcatcgccg
481	cacgtggctg	ctgtccgccg	cggtggcttc	gccagtggtg	tgtggcctca	atgatgtgc
541	cggccgcgat	ccggccgtgt	gctgcctgga	gaaccgagac	tatgtggtct	actcgtcc
601	ctgctccttc	ttcctgccct	gtccgctcat	gctactgctt	tactggccca	ctttccgcg
661	cctgcggcgc	tgggaggcag	cccggcacac	caaacttcac	agccgcgcgc	cgcgccga
721	cagcggcccc	ggcccgccgg	tgtcggaccc	tactcagggt	cccttcttcc	cagactgc
781	acctcccctta	cccagcctcc	ggacgagccc	cagcgactcc	agcaggccgg	agtcagag
841	ctctcagaga	ccctgcagcc	ccgggtgtct	gctcgctgat	gcagctctcc	cgcaacct
901	tgagccgtct	tcccgcagaa	ggagaggcgc	caagatcacg	ggaagggagc	gcaaggca
961	gagagtcctg	ccggtggtag	tcggggcctt	cctggtgtgt	tggacgcctt	tcttcgtgg
1021	gcacatcacg	cgggcgctgt	gtccggcttg	cttcgtgtct	ccgcgcctgg	tcagtgcc
1081	cacctggcta	gggctatgtc	aacagtgccc	tcaaccccat	catctacacc	atcttcaac
1141	cggagtttcg	aagtgtcttc	cacaagactc	tccgtctccg	ctgctgaaag	gatgtcctg
1201	agaggtcaag	gagttccaag	actgtgtgca	gagtgcgctg	gcgcgcattc	tttcagtct
1261	attaaacgaa	atcttttcta	accacttatg	aaggctgggg	gttgggaaaa	agaaaaga
1321	agaggaagct	cttttgtctg	gatgatgccc	ccccccgccc	ctgccccagt	taacttctg
1381	ctttgaggat	gctcagttca	gctccaggag	gcaggaggct	tctgaagtct	ctgcccca
1441	aaagtagggg	aactactaca	tctgccttag	tttcccctca	ctatgaaaag	tgaccaag
1501	tcctagaaga	ggagctagag	gaatttcctg	aggctgctgg	gtcctcagga	tcctatcca
1561	gccaactctt	gctccttgga	gagctaggga	gggagggctc	tgctgtcatt	gaagggg
1621	tgggtatcct	attttggaaa	ctttctgagt	acagcacaca	tagctttcta	ccagcctttt
1681	tccaaaaggt	gcctgaaact	cagcactgac	caagttcctc	aaggtgccct	ctggaagg
1741	gccctccact	cagacccacc	cagtctgcct	ttatttaccc	tatgtatgtc	cagcatctg
1801	gtatctatgt	gaccaggcgg	caaggttcaa	ggctggacta	aggggcccaa	gcagccaa
1861	tgttggggct	ccttggccaa	ggcccagtcc	tacaagaaga	ggtgattcct	gataggga
1921	gcctacccta	acacttttcc	ctccccgtc	ctgttatggg	agagatgtga	ctcagggc
1981	ctgtgggcag	gagtgcaggg	ggtctgtggg	ggggtggtcc	taggctgggg	tcccacatc
2041	aaggcagctg	gcacaatgtg	tcacactctg	ttctcaatat	tgaggaataa	tgagctgtg
2101	gtgctacagt	agtagcaccc	cccccccac	acacacacac	attttatact	agctctgg
2161	gaacagggac	aattccccag	cacagaggga	aattgccata	aggcctcact	gggctcta
2221	tgctcatgcc	cctgctgtgt	catctgttga	ccttccagga	ccagcatgct	cctaaggg
2281	caatggggtc	ttgggttcat	gtctgtccac	atagagtcta	gtattagtgg	aactgagg
2341	cccttaagtt	ttgcccctgg	agaccctagg	ataccaaatg	tgcctggcct	ttgctgatt
2401	ccactgaact	gaaaggctct	acagatacaa	aggtaaggtt	gaaactcatg	tgagggg
2461	agaagtctct	ggaagcttgg	gaaactaagc	cccaagggcc	catgccccta	gacctttg
2521	gtttcttcct	tagaggaaag	ggaaacaata	aattggatga	attcc	

図表３－４　DRD４（ドーパミン第４受容体）の遺伝子のコード

NAは全部で30億塩基対からなりますが、その中に組み込まれている約2万個程度の遺伝子というのは、このような形なのです。

私たちの細胞の核の中では、必要な時、必要なところで、必要な遺伝子の配列暗号のスイッチがオンになって読み解かれ、それをもとに必要なたんぱく質を合成します。この過程が「遺伝子発現」と呼ばれるものです。だから同じDNA配列をもったたった1つの受精卵から、分化と成長の過程で、働きの異なるいろいろな種類の細胞が作られ、時間とともに変化していくのです。

しかも1つの遺伝子のようにみえる塩基の配列の中にも、実際にたんぱく質をコードしているエクソンと呼ばれる部分と、それ自体は意味を持たずに切り出されてしまうイントロンが交互に挟まっており、イントロンが切り出される（スプライシング）の仕方によって、1つの遺伝子が複数のたんぱく質を作ることもできてしまいます。このように複雑な過程の中である特定の機能を持った遺伝子を探し出すのは並大抵のことではありません。

✝特定の機能をもった遺伝子をつきとめる

それでもたった1つの遺伝子が、目にみえるだけの大きな効果をもたらす場合、それをつきとめることはできない相談ではありません。

『ガタカ』にも出てきた目の色や若禿、あるいは髪の毛の色や耳垢の乾湿などはたった1つの遺伝子にほとんど支配されています。色盲や血友病《けつゆうびよう》など、疾患のなかにも1つの遺伝子がどのタイプかによって、生涯にそれを発病するかどうかが高い確率で予測できるものがあります。こうした性質は、ふたごの研究によらずとも、いわゆる家系図を描いてみて、はばひろい親戚の間でそれがどのように伝わるかを調べることによって、知ることができます。

もっともそれがハンチントン病のような成人に達してから発症し、神経の変性を伴う致死的な疾患の場合、家系図を描く作業は、決して知的好奇心を満たすだけの作業とはいえないでしょう。そして遺伝的素因を個人レベルで高い確率で明らかにすることのできる遺伝子検査は、自らの命の行く末をあらかじめ知ることになり、それがゆえに遺伝子検査はこれまで人類が直面してこなかった新たな人生への向き合い方を私たちにつきつけることになるわけです。

アリス・ウェクスラーの著した『ウェクスラー家の選択――遺伝子診断と向きあった家族』[19]は、ハンチントン病の伝わる家系に生まれた臨床心理学者が、その遺伝子をつきとめてゆく過程を克明に描いています。その臨床心理学者の姉である著者の母方の伯父たちは3人ともこの疾患でなくなりました。

それはふつう40歳を越してから発症します。はじめ脚がガタガタ動いてコントロールできなくなったり、うまくバランスを取って歩けなくなることに気づき、徐々に記憶力が低下してゆきます。病気が進行すると、かつて「舞踏病」と呼ばれたように、四肢の不随意の動きが激しくなり、精神症状も顕著になって死に至る。その恐ろしい病が家系に伝わる母親に生まれた著者の妹、ナンシーは、自らその遺伝子をつきとめる戦いに挑みます。ナンシーがベネズエラにこの疾患の大きな家系があることを知ったのが1979年、この遺伝子が第4染色体の短腕にあることをつきとめたのが1983年でした。その後、この原因遺伝子が特定されたのは1993年、つまり染色体上の場所をつきとめてから10年後のことでした。

†ハンチントン病の犯人探し

ヒトの遺伝子を乗せた30億塩基配列からなるDNAは、23対46本の染色体に分かれて、すべての細胞の核の中に折りたたまれています。この23対は、そのうち22対が常《じょう》染色体といわれ、男女とも同じ構造をしていて、大きい順に第1染色体、第2染色体……第22染色体と呼ばれます。そして残る1対だけが大きさが異なり、XとYと呼ばれ、性別の違いに関わります。XYなら男性、XXなら女性です。

遺伝子をつきとめるときには、まずどの染色体の上に候補遺伝子が乗っているかをはっきりさせねばなりません。これはいわば、事件の犯人が町のどの通りに住んでいるかを探り当てるようなものです。どんな姿かもわからず、なかなか尻尾をつかめない犯人の住む通りをつきとめるためには、犯人といっしょになって動く仲間がいればしめたものです。その仲間はその事件には直接かかわっていない、けれどもすでに面は割れています。そいつがいつも4番通りに出没していれば、犯人もその同じ通りに潜んでいると推察できるでしょう。実際の遺伝子探しでもそうします。つまりすでにどの染色体上にあるか知られている形質（マーカーといいます）のなかから、ハンチントン病といっしょに現れる（これを「連鎖」といいます）形質をみつけることによって、この遺伝子の乗る染色体が絞り込めるというわけです。

ところがこの疾患の場合、連鎖するわかりやすいマーカーがみつかりませんでした。そのため家系がみつかってから染色体の特定までに4年もかかったのです。この間に、マーカーとして遺伝子の塩基配列のいくつかの特徴的な部分（ハンチントン病の場合、RFLPという特定の塩基配列で切り出された長さの違うDNA断片）が使えるようになり、ようやくわかったのでした。

しかし問題は犯人の住む通りまで絞り込んだ後に、犯人が実際に住む家や部屋をつきとめることです。そして犯人がどのように犯罪を犯したのかをつまびらかにすることです。遺伝子の場合は、何番目の染色体の上にあるかがわかった後、この疾患に直接かかわる塩基配列を具体的に特定すること、そしてそれがどのような条件で発現して、どのようなたんぱく質を作るかを明らかにすることがそれに当たります。

染色体上のどのあたりに原因となるたんぱく質をコードした塩基配列があるのか、そのあたりをつけるだけでも膨大な作業が必要です。ヒトゲノム計画がなされていない当時、どのような配列が意味のある配列かを知る手がかりは、いまよりもずっと少なかったのですから、何千万もの文字列の中から遺伝子となる部分を特定し、さらにその中に潜むこの疾患をうみだすエラーをつきとめることの困難さは想像に難くありません。

たとえばハンチントン病の遺伝子のある第4染色体にある塩基対はおよそ2億塩基対、その短腕だけでも数千万塩基対あります。この新書は1ページあたり600文字程度ですから、十数万ページ、つまり7〜800冊分のA、T、C、Gの文字の羅列の中から、ある特定の部分を探し出さねばならないのです。1986年初頭の段階で短腕の先端部4p16という約2000万塩基対の部分まで絞り込み、1989年春に先端部のクローン化（DNAの特定の塩基配列の部分を人工的にコピーすること）に成功して、1990年夏までに5〜600万塩基対のマッピングにたどりつきました。このようにして、ハンチントン病にかかわる塩基配列の特定に、その大体の位置をつきとめた後も10年もかかってしまったのです。

ここまでが研究レベルの話です。ちなみにこんにちでは、ゲノムの全塩基配列をいっぺんに対象として、関連のありそうな塩基一文字分の違い（これを一塩基多型SNPsといいます）やその発現を、遺伝子チップあるいはDNAマイクロアレイという装置を使って、一度に何十万から何百万カ所を調べる「ゲノムワイド関連解析（Genome Wide Association Study; GWAS)」も盛んに行われるようになりました。

†開かれる遺伝子検査の道

こうして研究者たちの地道な努力と情報の蓄積によって、遺伝子検査の道が開けました。

つまり特定の人の遺伝子の型を調べて、その人が将来ハンチントン病にかかるリスクをもっているかいないかを知ることができるようになったのです。

ここからは「診断のレベル」です。当初は十分なＤＮＡの採取のために血液サンプルが必要でしたが、やがて毛髪や爪の細胞、口の内頬を綿棒でこすってついた細胞や、唾液でも診断に必要なＤＮＡを取ることができるようになりました。検査の精度も高くなっていきます。そして検査にかかるコストもどんどん安くなっていきます。

さてこうして研究によって遺伝子の場所を特定し、その塩基配列まで特定し、その発現機構も明らかにし、さらに診断までできるようになれば、問題は解決なのでしょうか。ハンチントン病の場合、残念ながらことはそう簡単ではありませんでした。なぜなら、少なくとも診断が開発された当初、この疾患に有効な治療法はみつかっていなかったからです。その後、治療薬として２０１０年にテトラベナジンという薬剤がアメリカで承認されました。しかし症状をある程度軽減するものの、この疾患を根本から完治するものではなく、まだ日本では承認されていません。

これは厳しいことです。もしその遺伝子があるとわかれば、その人は知らなかった時よりも苦しい人生の負荷を背負わされることになりかねません。もちろん疾患になる遺伝的変異をもっていないことがわかれば、安心することができます。優性遺伝の場合は片親にその疾患があった場合、単純に考えても50％の確率で自分がその素因を引き継いでいる可能性があります。ということは同じく50％の確率で引き継いで「いない」ことも明らかになるからです。しかしこのような状況では、むしろ知らなければよかったと思う人、あるいは知りたいとは思わないという人もいるでしょう。ここで「判断のレベル」というものが生じてきます。

†排除すべき「疾患」とはなにか？

もしここで『ガタカ』のように若禿や近眼の遺伝子診断ができるようになったとしましょう。はたしてこれらは排除すべき「疾患」でしょうか。ここには、遺伝子が生み出す状態に対して、どのような価値判断を下すかの問題も生じてきます。これも判断のレベルが抱える重要な問題です。

遺伝子それ自体は40億年も前からの来歴をもっていまここに存在しています。それに対して、いまの私たちがたまたま住んでいる社会や文化の価値観で貴賤をつける資格がいったいどこにあるのでしょうか。遺伝子はそれ自体は無名の存在です。それに名前をつけ、意味づけているのは、今ここに生きている私たちであり、しかもその主たる名づけ親は医学の研究に携わっている研究者たちが主です。そして遺伝子は、まず疾患の原因として私たちの目の前に現れてきます。しかし遺伝子は病気だけでなく、「正常な」形質を含むあらゆる生命の個体差にも関わっているのです。このことの意味を私たちはよく考えてみることが必要です。

†遺伝子検査がもたらす革命と葛藤

さてここであなたが子どもをもったとき、生まれる前に遺伝子診断を行い、その結果を知るという選択肢を選んだとしましょう。それによって、もしハンチントン病のような重い疾患であれば、中絶や治療の方法を選ぶ、覚悟を決めるなど、その結果に対していかにふるまうかの「行為のレベル」が生まれてきます。

こんにち、嚢胞《のうほう》性線維症、鎌状赤血球貧血、QT延長症候群、フェニールケトン尿症などの疾患の遺伝子診断法が確立されてきました。これら単一の遺伝子が引き起こす遺伝病とその診断、治療については、一定の信頼をよせることができる程度に、科学は進歩してきたのです。これらはその疾患の頻度や重篤《じゅうとく》度、治療可能性などに応じて、多かれ少なかれ判断と行為のレベルでの葛藤に直面させられます。このことが生み出す社会的、倫理的問題もまた、以前と比べ物にならないほど身近な問題となってきました。

ヒトゲノム計画の推進者の1人、フランシス・S・コリンズが著した『遺伝子医療革命――ゲノム科学がわたしたちを変える』[20]は、少なくとも2010年時点での遺伝子診断の現状と来たるべき医療の未来について、科学的な知見をもとに堅実な、しかしながらやはり革命的と言わざるを得ない状況を雄弁かつ精緻に描き出しています。遺伝子診断のもたらす革命とは、次の2つの特徴を持つといえるでしょう。すなわち「医療のパーソナル化」、そして「遺伝情報の人格化」です。このうち前者はコリンズ自身が指摘していることですが、後者は私が指摘するものです。

遺伝子の組成はひとりひとりみな違います。ABO式血液型の遺伝子1つだけみれば、それは［A］［B］［O］3種類の異なる遺伝子のタイプ（これを遺伝的多型と言います）の組み合わせからなる6種類の遺伝子型（AA、AB、AO、BB、BO、OO）しかありません。しかしそれにRh型の血液型（++、+−、−−）と組み合わせると6×3=18種類、神経伝達物質ドーパミンの受容体遺伝子DRD4のエクソンⅢの繰り返し配列（2、4、6、7回の組み合わせからなる12種類、新奇性追求という性格に関わるとされる）と組み合わさると12×18＝216種類と指数関数的にその数は増え、IT15（ハンチントン病に関わる遺伝子）、CFTR（嚢胞性線維症に関わる遺伝子）、BRCA1、BRCA2（乳がんに関わる遺伝子）、NF1、ERBB2（脳腫瘍に関わる遺伝子）、PCSK9（心臓病に関わる遺伝子）、5HTT（セロトニン）、MAOA（モノアミンオキシダーゼA）、CYP3A4、GABA（ガンマーアミノ酪酸）、COMT（カテコールーOーメチルトランスフェラーゼ）（これらは神経系にかかわる遺伝子）などわずか20あまりの遺伝子の組み合わせを考えるだけで、その組み合わせの数はいまの世界人口を軽く超えます。

ヒトは2万の遺伝子を持っているのです。もしすべての遺伝子が2つの多型からなる3種類の遺伝子型をもつと仮定しても、そのあらゆる組み合わせは数千桁という巨数になり、この地球が生まれてから消滅するまでに存在するであろうすべての人間の数を軽く凌駕します（なぜなら地球の寿命はせいぜい100億年［10ケタ］、人口もせいぜい100億人［やはり10ケタ］ですから、地球が生まれてから太陽に飲み込まれて消滅するまで毎年100億人生まれ変わったとしてもせいぜい20ケタ程度にしかなりません）。つまり、この世にすべてが同じ遺伝子型を持った人間は、一卵性双生児を除いて、絶対に生まれえないのです。

ゲノム科学はこのひとりひとり異なる遺伝子の組成を個人的に明らかにし、生まれる前からでもその個人の健康状態を「予測」し、あらかじめできるかぎり発病しないような治療や生活設計を可能にすると言います。これが「医療のパーソナル化」つまりひとりひとりの遺伝子の組成に合わせた治療と健康管理と呼ぶ状況です。この動きは「パーソナルゲノム」という概念を生み、すでに医療現場で、遺伝子型に合わせた薬剤や治療法の選択を可能にして、テーラーメイド治療と呼ばれています。

†ありきたりの疾患の難しさ

遺伝子診断を劇的に成功させた嚢胞性線維症やハンチントン病は、かなりまれな疾患です。そして単一遺伝子に大きく支配されています。こうした疾患を対象とした遺伝子のモデルは因果律も明快で、これまでの医療には不可能だった予測とコントロールを可能にしてくれるので、希望につながります。そこで、この考え方をもっとありきたりな、しかし多くの人が悩む普通の疾患、たとえば肥満や高血圧、糖尿病などにも適用できないかと考えるのは当然のことでしょう。

肥満や高血圧や糖尿病が、嚢胞性線維症やハンチントン病とちがってやや厄介なのは、それが単一遺伝子によって支配されているわけではないということです。たとえば2型糖尿病と呼ばれる疾患には、これまでのところTCF7L2、IGF2BP2、CDKN2A、CDKL1A、KCNJ11、HHEX、SLC30A8、PPARGなどの遺伝子が関与しているとされていますが、どれ1つをとっても嚢胞性線維症のようにその発症に決定的に効くものではありません。たとえばTCF7L2遺伝子に問題がある人がこの糖尿病になるリスクは32％、それにたいして平均的な人の場合23％、つまり発症のリスクを1・4倍引き上げるにすぎず、7割近い人は「問題のある」遺伝子をもっていたとしても発症しないのです。ここで重要になってくるのは「遺伝子の効果量」です。この遺伝子の2型糖尿病に対する効果量は23％と32％の差の9％です。これは比較的大きな効果量と言えます。なぜならそれ以外の遺伝子の効果量はこれよりはるかに少なく、せいぜい2、3％にすぎないからです。

†医学的ユートピアの光と影

ここでゲノム科学が考えるのは、数多くの、しかし有限の数の関連遺伝子のリスクを合計することによって、その人のトータルの発症リスクを把握し、予防や治療にむすびつけようというものです。つまり、遺伝子たちの効果量の全体を増やそうというわけです。

たとえば今日の降雨確率が15％ではなく30％だといわれた場合、それなら傘をもって出ようと考える人がどれだけ増えるでしょうか。傘を持って歩く手間を考えれば、ぬれてもさほど構わないと考える人も少なくないでしょう。同じように1日2日寝れば治ってしまうような風邪にかかる確率を15％から30％に引き上げる遺伝子があったとしても、もしどうしてもしなければならない仕事がある人は、よほどの理由がない限り、それだけでわざわざ出勤を控えてうちでじっとしているわけにはいかないでしょう。しかし糖尿病となると仮に効果量の全体が15％程度としても、さまざまな命に係わる症状の併発につながりますから、それは大きなことに違いありません。コリンズは、単に遺伝子がもたらすリスクの効果量（R）だけでなく、いちど発症したときの負担（burden）の大きさ（B）、そして治療や介入（intervention）にかかるコスト（I）をかけあわせたR×B×Iがリスクに関する遺伝情報の重要度の指標と考えています。

そう遠くない将来、あなたの「すべての」DNAの塩基配列、すべての遺伝子のタイプが廉価で読み解かれるようになるでしょう。それによって、あなたの健康にかかわるさまざまな側面について、遺伝子の情報から理解され、予測され、コントロールされるようになるでしょう。そうすることによって病気や不健康で苦しむ人々は減り、今とは比べものにならないほどの健康が維持され、人々の幸福が増進される医学的ユートピア、「すばらしい新世界」[21]の到来が思い描かれます。

これはとりもなおさず、特定の人物について遺伝情報から理解することが当然のことになる世界です。パーソナルゲノムが当たり前になった時、私が「遺伝情報の人格化」とよぶ状況がおとずれるでしょう。こんにちでも、収入や学歴に関する情報は、それがその人の人格を評価するときに好むと好まざるとにかかわらずついてまわるものです。その意味で資産情報の人格化、学歴情報の人格化は私たちの世界ではすでに進んでいます。それに遺伝情報が加わるというわけです。

資産や学歴は自分の意志や努力、時代状況や運などによって、ある程度、後天的に変わる／変えることができます。しかし遺伝的組成は一生変わることがありません。ゲノム科学に携わる人たちは、生まれたときにわかるその人の全ゲノム情報をICチップに入れて持ち歩き、いざというときの治療に役立つようにするなどということも考えています。結婚するときに、相手の遺伝情報は、いまの学歴や収入とおなじように、いやそれ以上に、少なからぬ人々にとって「気になる」情報になるでしょう。ユートピアのもつ光は、その光が強ければ強いほど、そこにできる影も暗く濃く深くなる可能性があります。

†人格化する遺伝情報

それがさらに能力や性格など、行動や精神の側面にまで及んだのが、まさに『ガタカ』の世界です。それはふたご研究や行動遺伝学によって、医学的モデルの延長上に位置づけられます。遺伝情報の人格化は、まさに文字通り人格そのものにおよび、完成に至るというわけです。

上海バイオチップコーポレーションという会社は、知能や性格、才能に関する遺伝子検査ビジネスを始めました。わが国でも日本遺伝子検査会社というところが代理店となり、このサービスを提供しています。学習、EQ（情動指数）、音楽、絵画、ダンス、運動の6分野41項目について、「関連ある」遺伝子のタイプを調べ、詳しい報告書とともに結果が知らされる仕組みになっています。

これだけのサービスにかかる費用は5万8000円（2012年現在）、これを高いととらえるか安いととらえるかは、受けとめる人の関心の高さと財布事情によるでしょうが、これは民間の病院やクリニックで1日がかりの人間ドックで検査してもらうのにかかる費用と同程度です。つまり健康について知りたいと思う人が支払うつもりのある金額と同程度の価値と考えられていると言えるのかもしれません。ただおそらく日本では期待したほどの反響がなかったのでしょうか、２０１０年にこの項目ひとつひとつをばらばらに、それぞれ１０００円程度で簡単に検査できるような「お試し」キットを、ムック型の本の形で、書店から販売しました[22]。

たとえば、学習能力の分野では、「理解力」の項目に対してＣＨＲＭ２という遺伝子、「創造力」と「頭の回転の速さ」にＳＮＡＰ２５、「思考力（分析・抽出・推理）」に理解力と同じＣＨＲＭ２とＣＯＭＴ、「記憶力」にＢＤＮＦ、５ＨＴ２Ａ、「注意力」にＤＡＴ１、５ＨＴ２Ａ、ＧＲＩＮ２Ｂなどがあります。項目数は41項目とたくさんありますが、調べられている遺伝子は19種類の遺伝子しかありません。

ここでふたご研究者、行動遺伝学者としては、大きな戸惑いを抱かないわけにはいきません。それは先の図表３－３でみたように、あらゆる遺伝子検査の基礎となる研究レベルに関わるものだからです。

たとえば「理解力」に関わるとされるＣＨＲＭ２遺伝子（cholinergic muscarinic 2 receptor gene）は神経伝達物質のなかのコリン性ムスカリン受容体とよばれるものに関わる遺伝子のサブタイプのひとつです。５つあるサブタイプのうちＭ１とＭ２が特に認知能力とのかかわりが指摘されていますが、M1についてはその受容体を阻害する物質がアルツハイマー病の動物モデルで認知能力を高めているという報告からそれが指摘されているだけです。[23] 一方M2の遺伝子は、脳における学習や記憶の基本メカニズムと考えられる神経細胞間の信号伝達の長期増強に関わることが指摘されています。2003年にカミングスら[24]がミネソタのふたごのサンプルでこの遺伝子とIQや教育年数との関連を報告したのが最初で、そのあとオランダのサンプル[25]やアメリカのサンプル[26]で、いくつか同じように知能との関連をみつけた報告がありました。しかしスウェーデンやイングランドのサンプルではその関連が否定されています。[27] また関連ありとされた研究で、この中の一塩基で説明できるIQの個人差はわずか1%未満、IQのポイントにして2~4点程度で、ちょうど測定の誤差の範囲にすぎません。

ちなみに用いられた知能テストは研究によって異なり、多くはWAISのような一般知能全般を測るもの、あるいはRAVENプログレッシブ・マトリックスといって流動性知能と呼ばれる新しい問題を解決する能力を測るものや、語彙能力を測るものなどさまざまで、場合によっては、テストの一部の側面にのみこの遺伝子との関連がみいだされたものもあります。それを「理解力」などという抽象的な、いろいろなイメージを呼び起こす多義的なことばで表現されています。

このようにかなり不確定な研究成果しかない状況で遺伝子検査が実施されています。23アンドミーの遺伝子検査の場合、最新の学術文献の結果を常に更新して反映させ、その結果がどの程度の信頼性を寄せられるかの段階わけをしてくれています。それだけ情報を開示して、最終的な判断と利用の仕方は診断を依頼した当人にゆだねていますが、それがせいぜい可能な範囲のサービスでしょう。

†行動遺伝学から遺伝子診断を考える

このCHRM2と理解力以外についても、それぞれの能力に関わると言われている遺伝子の効果量は、実のところありきたりの疾患にかかわる遺伝子のもつ2、3%程度、あるいはそれよりはるかに少ないものばかりです。

たしかにふたご研究では、ここに挙げられたさまざまな能力について、遺伝率にして30~50%、多い場合は60%を超す大きな遺伝子全体の効果量を繰り返し報告しています。しかし遺伝子ひとつひとつについてみた場合は、その効果量は決して大きなものではないのです。仮に全部で10%を説明する数個の遺伝子の型がわかり、それだけである能力が高いと予想されたとしても、まだ説明されていない残り3〜40％の遺伝子が逆にその能力を低めるようであれば、予想は覆ります。しかもこれらは疾患ではなく健常な状態の個人差です。疾患に関わる遺伝子であれば、それが全体のバランスを乱すことからそれを発見することもできますが、健常な範囲内での個人差は全体とうまく調和しているので、その発見が困難です。

これはオーケストラのバイオリンパートのようなものです。オーケストラの中で一斉にバイオリンを弾いている奏者たちは、そのひとりひとりの演奏を聞けばそれぞれに個性的です。また１００人のオーケストラの中で20人程度を占めるバイオリンパートの働きは、それ全体としてはとても大きいものです。しかしみんながそろって同じ旋律を奏でるとき、その中のひとりひとりの個性の違いは、よほど調子っぱずれの困った演奏でない限り、決して大きなものではありませんし、そもそもバイオリン協奏曲のソリストのように大きく目立ってもいけないものです。そのうち10％がとびきり上手なバイオリン奏者だったとしても、残りの90％のバイオリン奏者が凡庸だったりへたくそだったりしたら、そのオーケストラのバイオリンパートの音はあまり上手には響きません。だから特定の１人のバイオリニストの演奏（つまり1つの遺伝子の効果）だけではほとんど何も言えないのです。またたった1人、全体の調子を狂わすほど変な音を出す奏者が混ざっていたら、その音楽は聞くに堪えないものにすらなるでしょう。それは単一遺伝子による遺伝病にたとえられます。しかも特定の遺伝子と心理学的形質との関係を調べた研究結果の再現性は、必ずしも高くありません。多くの追試研究をみると、その効果を支持する論文もありますが、支持しない研究もあり、全体としてみたとき、その信頼性は、現時点でははなはだ怪しいと言わざるを得ないという点が指摘されます。

たとえば1996年に初めて新奇性追求というパーソナリティとの関連が報告されたDRD4遺伝子のエクソンⅢの繰り返し配列の数に関する研究成果は、その後たくさんの追試がなされた結果、一貫性がみいだされませんでした[28]（ただし同じDRD4遺伝子のなかのC－521Tの多型については一貫した結果が得られ、およそ2%を説明する効果がみいだされています）。初めて知能に関わる遺伝子として公表されたIGF2Rの結果も、その後再現されませんでした（ちなみに結果に一貫性がみいだされなかったこと自体は、さらに別の要因が関わってのことかもしれませんから、そのままただちに誤った結果だとも断言できないところがむずかしいところです）。研究の多くは海外のものですが、それが日本人に適用できるかどうかの確認は必ずしも十分ではありません。第6章で紹介するように、民族が違えば、遺伝的多型の分布も異なることが少なくないからです。

†「○○力の遺伝子」ということはできない

心理学的にいえば、「理解力」「創造力」「頭の回転の速さ」……といった能力概念の妥当性と信頼性についても、注意が必要です。

「理解力」という言葉を聞いて、あなたはどのような能力を思い浮かべるでしょうか。新聞やニュースがわかる能力を思い浮かべる人がいるかもしれません。小説や詩を深く鑑賞できる能力を思い浮かべるかもしれません。会議でみんなのいいたいことを雰囲気から察知する能力を思い浮かべる人がいるかもしれません。これらは相互にまったく無関係とは言えないまでも、それぞれにかなり異なる能力です。ほかの「創造力」や「頭の回転の速さ」とどういう関係があるのかもよくわかりません。そしてそれは文化が異なれば意味が異なるかもしれません。そして実際の研究では、WAISやRAVENなど、心理学的には「一般知能」とよばれる形質でした。

伝統的に「知能」をめぐっては、それが単一の一般的なものか（一般知能説）、それとも個々いろいろな能力がそれぞれに集まったものか（多重知能説）が議論されてきました。

現実の社会の中では、文学の才能、数学の才能、社会的才能など、さまざまな能力がいろいろなかたちで発揮されますので、多重知能説が実用的には有効です。しかしこれらの能力は相互に無関係ではなく、とくに個人差に着目した場合、1つの能力に優れた人は他の能力でも有能性を発揮する傾向があり、こうした多様な能力の基盤に、一般知能を想定したほうが合理的とする科学的知見が数多くあります[29]。

遺伝子レベルでも、不安定ながらみつかったとされる認知能力の遺伝子は、多かれ少なかれさまざまな能力にかかわりをもち、どれかが特定の能力のみに関わって、他の能力には関わらないという「○○力の遺伝子」などということはできないとされています。このことをプロミンたちはジェネラリスト遺伝子と呼んでいるくらいです[30]。しかし少なくともいまのところ、能力の遺伝子検査の結果が、こうした研究のレベルの理論的背景をふまえた情報提供はしてくれず、いきなり診断のレベルへと行っています。

このように能力の遺伝子検査サービスがいま行おうとしていることには疑念を抱かざるを得ません。こんにち、このように特定の行動に関連する特定の遺伝子をみつけた、いや追試したらみつからなかったという報告が、それこそ雨後の竹の子のようになされるようになり、とうとうある遺伝学系の学術雑誌では、特定の行動・精神疾患遺伝子の報告論文は掲載しないという方針を決めたところもあるくらいです。しかしこれほど不安定で小さな効果の段階でも、それをサービスとして市場に広げようとまじめに考える人たちが現れだしたことで、この動向から目を離すことはできない時代に突入したと認識せざるをえなくなりました。

†遺伝子の人格化の時代へ

かくしてゲノムの発現機構の解明が進むにつれて、ゲノムのパーソナル化、つまりひとりひとりの遺伝情報を読み解き、それに基づいて健康や教育を考えようとする発想は今後少しずつ世の中に広まってゆくでしょう。

それが科学らしさを身にまとった占いのレベルにとどまるか、それとも降雨確率を30%から40%程度予測するようなことになるのか、はたまた日食や彗星を予測するほどの正確なものとなるのかどうか。シャレではありませんが易学となるか疫学となるか、いまの段階で言うことはできませんが、とにかく特定個人の遺伝情報をもとにその人の価値や質が問われ人生を考えねばならない場面に直面する時代、つまり遺伝子の人格化の時代はそう遠くないと思われます。

とはいえ、数少ない遺伝子情報からある人の心理的・行動的特徴を予測することは、いまの時点では無理があります。非常にたくさんの遺伝子たちが全体として行動に及ぼす影響は、そのままではあぶりだしの抽象画と同じで、みただけではそれがみえず、みえても抽象的でそれに意味づけをすることが難しいものです。

しかし、これまで目にみえないために語られても来なかった「私自身の」心理的・行動的な側面への遺伝子の影響を意識化するために、遺伝子検査によるパーソナルゲノムの把握には一定の意味があるのかもしれません。ただあくまでも私たちの生活に遺伝子がかかわっていることに目を向けるために必要なのであり、そこで言われることを文字通り真に受けて、「何と何の遺伝子があるから私の人生はこうなる運命だ」などと考える必要はありません。

「セロトニン・トランスポータの遺伝子の型がｓｓのタイプだから、私の性格は神経質」と知らされて、もし何か意味深い洞察が得られ、悩みや問題が解決するのなら利用すればいいでしょう。そういう「科学的おみくじ」程度のご利益とわかってするならよいと思われます。しかしそれが不本意な自己卑下や選択肢の不必要な断念、絶望などをもたらすとしたら大問題です。それを描いたのが『ガタカ』でした。いくら遺伝子検査が、効果量の大きな単一遺伝子によるまれな疾患で大きな成果を挙げていても、それをモデルにして、複数の効果量の小さなありきたりの疾患に適用し、さらにそれを心理的、行動的な形質にまでおなじように拡大できると信じるのはあまりにも時期尚早です。

こうした「『ガタカ』への道」には、さらにもう2つの落とし穴があります。

1つは前にもすでにほのめかしましたが、それが医療モデルの延長になっているということです。疾患はたしかに治療され、健常に戻ることがよしとされます。その疾患と能力のような心理学的形質が同レベルに位置づけられ、知能は高い方がいい、外向性や勤勉性は高い方が、神経質さは低い方がいいなどと、形質そのものにいまの社会の基準からみた優劣が暗黙の裡に想定され、それに応じてよい遺伝子と悪い遺伝子が区別される……。少なくとも私は、こうした考え方の枠組みに賛意を示すことはできません。教育学者でもある行動遺伝学者として、人間の心や行動の側面に多大な影響を持つ遺伝子の役割と教育の効果の両方を知る立場にあるからこそ、医療モデルのなかで遺伝子が語られることへの大きな違和感を抱いているのです。それは教育によって知能を高くできる、性格をよくできるからではありません。仮に遺伝の影響が100%で、いまの知能のレベルのまま、いまの性格のままであったとしても、教育によってそれを生かす知識や技能を獲得することができ、またそのままでいたほうがむしろよい文化や社会があるかもしれない、作れるかもしれないからです。

これがもう1つ、『ガタカ』への道のりを遠くさせる遺伝子診断の不都合な真実です。つまり人間の心理的形質は環境の影響も大きく反映しているということです。仮に知能や性格に及ぼす遺伝子がすべて解明されたとしても、それが説明できるのはある社会にある個人差のばらつきの50％までです。残る50％は環境、それも多くの場合ひとりひとり、場面場面で異なる非共有環境の影響が表れています。

これらのことについては次章で考えていきましょう。

第４章

環境の不都合な真実

――環境こそが私たちの自由を阻んでいる

前章では、人間の行動を遺伝病と同じように遺伝子検査で予測することが難しいということをお話ししました。そこで論じたのは、人間の行動に現れる遺伝現象（それがふたごの研究から明らかにされるのですが）が、ひとつひとつの効果はとても小さい遺伝子が全体で織り成す現象だからだということでした。

ですからコリンズのような医学研究から遺伝子を扱っている立場の人たちは、知能や性格の遺伝について語ることにはあまり積極的ではありません。それはとりもなおさず、具体的な遺伝子から具体的な知能や性格の発現過程を描くことが極めて困難だからでしょう。また、そのような心理的、行動的形質が身体的形質や疾患のようにはっきりした特徴をもつものではなく、あいまいで漠然としたとらえにくいものだから、という理由もあると思います。これは科学者として誠実な態度であると言えます。

†環境こそが私たちを制約している

しかし、それに加えてもう1つ、知能や性格のような心理形質というものが、環境による影響も受けやすいことも、遺伝子の情報だけで将来を予測できないことの大きな理由として挙げなければなりません。

「遺伝だけでなく環境の影響も受ける」

この言葉こそ、人々に希望を与えてきました。遺伝の方は、自然から与えられ、親から自分の意志とは無関係に受け継いでしまったものなので、もうどうしようもない。しかし環境であれば、なんとか変えることができる。たとえ好ましくない遺伝子を受け継いだとしても、環境しだいでそれを克服することも可能だ。遺伝は制約を、環境は自由を与えてくれる……。そう考える人が多いと思います。

しかしながら、このように環境をとらえる人たちにとって、本章ではまさに「環境の不都合な真実」を聞かされることになるでしょう。環境が人々を遺伝の制約から自由にしてくれるという考え方とは正反対に、ここでは、環境こそが私たちを制約しているのであって、私たちが自由を求め、自由を必要とし、自由を目指そうとするその根底のところに、実は遺伝が大きくかかわっていることを示していこうと思います。

第2章でお話ししたように、人間の能力や性格などの心理的形質の個人差には、そのどの側面にも、無視することのできない遺伝の影響があります。

にもかかわらず第3章でお話ししたように、遺伝子診断では個々特定の遺伝子を取り出すことはできないくらい、そこに関わる遺伝子はたくさんで複雑です。つまりある行動に関わる遺伝子のほとんどが、「何々の遺伝子」と固有名詞で名づけられないのです。そのたくさんの無名な遺伝子たちの、あなた独特の組み合わせがあなた自身を作り、それぞれの環境のもとで、あなたにその環境に適応させようとして働いています。環境が異なれば、適応の仕方も変わりますから、同じ遺伝的組み合わせの一卵性双生児でも、行動パターンが異なってくるのは当然のことです。この「環境」が、遺伝子たち自身の複雑さに輪をかけて、遺伝子検査による行動の予測を難しくしている要因となっています。

環境は次の4つの形で行動に関わっているといえるでしょう。

①行動の意味が環境によって異なる
②行動自体が環境によって異なる
③環境の意味がひとりひとり異なる
④遺伝の意味が環境によって異なる

これだけだと、ちょっとわかりにくいかもしれません。ひとつひとつ丁寧にお話ししていきましょう。

①行動の意味が環境によって異なる

たとえば関西人が関東に来ると、笑いのツボがわからないといいます。関西では当たり前の「ボケ」にツッコんでくれる人が関東圏では少ないので、せっかく笑いをとろうとしても空振りに終わってしまうらしいのです。関東人からみれば、関西人のそういう行動は、「寒い1人ばしゃぎ」にみえているかもしれません。これは同じ行動が環境や文化が違うことで意味が異なってきてしまう1例です(ちなみに関西人がおしなべて「ボケ」と「ツッコミ」のコミュニケーションパターンを示しやすいのは、一種の共有環境の影響――この場合は家族によるものではなく地域文化によるものになりますが――といえ、共有環境の影響が少ないとする行動遺伝学の第2原則に反する例でもあります。これは後述するように、ある特定の状況下における学習された「社会的ルール」あるいは「手続き的知識」として働いているといえます)。

こうした例は身の回りに探せばたくさんあるでしょう。ゲームで賭け事をすることは、ある文化では合法的な娯楽、別の文化では非合法な犯罪となります。早口でよくしゃべる

図表４－１　環境が異なれば人々の評価や反応も異なる

ひとが、都会では「有能なビジネスマン」として、のんびりした田舎では「騒がしい人」として、また雪深い山奥では「颯爽《さっそう》とした都会人」として評価されるかもしれません。神の声が聞こえたり、ここにいない人の姿がみえる人は、現代医学では統合失調症などの精神疾患の症状とみなされますが、ある文化では霊能力者とみなされることがあります。ノーコンのイメージが強かった元巨人・日本ハムの岡島秀樹選手は、日本では評価指標として用いられない「奪三振／四死球」という数値が高いことを評価され、アメリカ大リーグのレッドソックスに引き抜かれて活躍しました。同じ賭け事好き、早口でおしゃべりな性向や、幻聴・幻覚を体験する素質、個性的な投球を示す遺伝子たちを持った人でも、環境が異なれば人々から与えられる評価や反応は異なってくる。つまり行動の意味が異なってしまうわけです。それを図示すると図表4－1のようになるでしょう。このように環境には、行動への「意味づけ機能」があります。

②行動自体が環境によって異なる

この「意味づけ機能」、つまり私たちが行動や心の働きになんらかの名前をつけたり、その価値を評価するときの判断基準は、私たちが生きる文化環境や物理環境によって変わります。そのように異なる意味的な枠組みをもった環境に対しては、適応の方略も異なってくるでしょう。賭け事が合法的な世界でなら、正々堂々とゲームに打ち込めますが、非合法ならばゲームすることをあきらめるか人の目を隠れてすることになります。そうしますとおのずとゲームで使う能力、賭け事に対する能力は異なってきます。

このことが最も極端に現れるのは、ある能力が形成されたり認知される文化のある環境とない環境で育った場合の違いです。クリケットというスポーツがない文化に育てば、クリケットをする能力はまったく育ちません。ＡＤＨＤという概念のない時代や文化では、過剰に活動し注意が持続しないために周囲に迷惑がかかると、本人や家族への責任がより厳しいものになります。あるいは、対立する政治的立場の間で徹底的に論点を洗い出して白黒決着をつけるような議論をする文化と、どちらの立場も否定しない多義的な言葉を選んで円満な解決に至る言論を構築しようとする文化では、政策決定のプロセスも異なります。こうなると、単に行動の意味が変わるにとどまらず、環境の影響によって行動そのものが変わることになります。

　行動に及ぼす環境の影響を、この点だけでみれば、たしかに人間の行動は「環境によっていかようにも変わる／変えられる」という印象を持たれるでしょう。事実、私がスズキメソッドの鈴木鎮一の教育を知った時の印象もこれと同じものでした。私たちの行った英語教育の実験では、一卵性双生児のきょうだいに、文法中心の教え方と会話中心の教え方でそれぞれ学習してもらったところ、文法のテストでは文法中心のクラスで学んだ子の方が、また会話のテストでは会話中心のクラスで学んだ子の方が、それぞれおしなべて成績がよいという結果でした[31]。当たり前といえば当たり前の結果です。

　しかしこれは環境の違いが、同じ遺伝的素質に異なる高さの能力をもたらしたと言えます。同じ英語の能力が、異なる環境で異なる形やレベルに形成されたということもできる

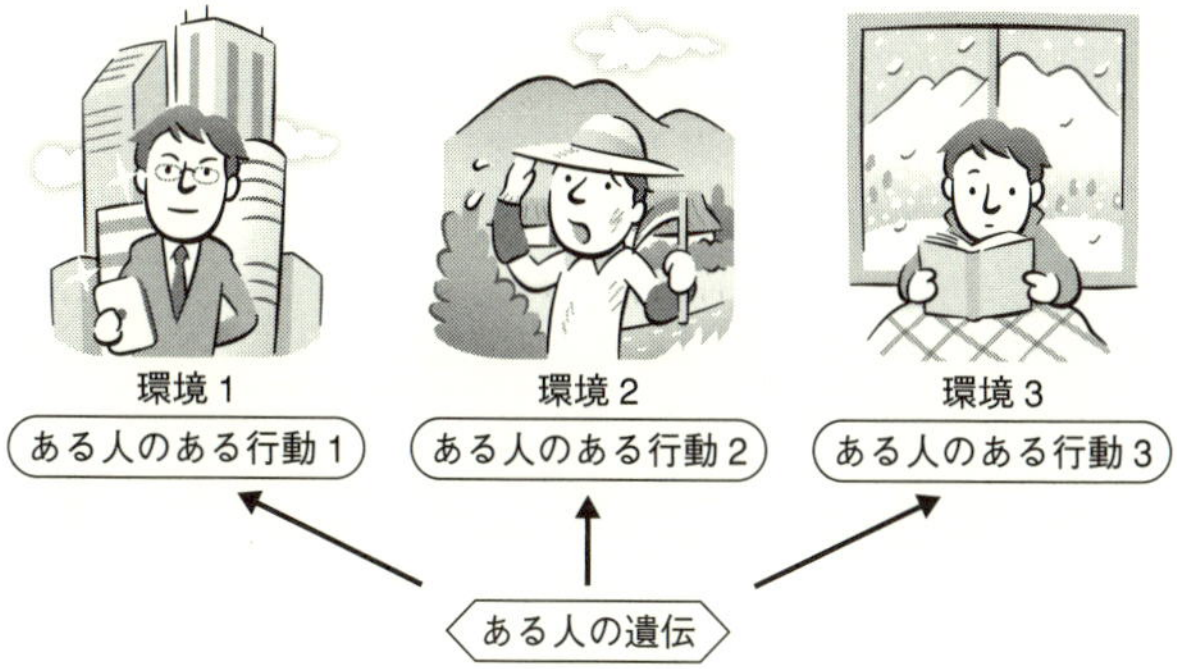

図表 4 － 2　行動自体が環境によって異なる

でしょう。ですから、図表4－2が示すように、行動自体が環境によって異なるといえるのです。これは環境のもつ「学習誘発機能」です。

環境にはこのように意味づけ機能と学習誘発機能があるために、行動は環境によって異なってきます。行動遺伝学の第3原則である「大きな非共有環境」の正体の多くは、これらによるものと考えられます。そしてその中には、最近の研究で話題となったエピジェネティクス、すなわち遺伝子の後天的な変化によって、一卵性双生児でも遺伝子の構造に変化が起こる現象[32]と結びつく可能性もあるかもしれません（非共有環境の中にはこのように遺伝子に由来するものもあるのです）。

†遺伝の影響はどこへ行ったのか?

そうしますと本書がスポットを当てようとしている遺伝の影響はどこに行ってしまったのでしょう。

どこにも行ってはいません。それはすでにあらゆる行動の個人差の中に現れているのです。それが行動遺伝学の3原則の第1原則「あらゆる行動は遺伝的である」が示すことでした。環境が持つ行動の意味づけ機能は、その行動自体が遺伝的な影響に導かれていることを前提としていました。環境の持つ学習機能は、それだけみると環境による行動の変容ですが、それも異なる環境に対する遺伝子たちの異なる適応の仕方ですので、そこには遺伝の影響が表れています。

先に紹介した英語の比較実験では、異なる教え方で学んだ一卵性双生児のきょうだい間の成績の差に環境の影響を読みとったわけですが、一卵性双生児と二卵性双生児の成績の類似性を比べると、聞く能力以外の読む、書く、話す、意欲のすべての側面で一卵性が二卵性よりも近い成績をとっており、遺伝の影響があることがわかりました。つまり環境の影響も遺伝の影響もどちらも表れているわけです。別の言い方をしますと、教育を受け学習した結果として、遺伝の影響が表れてきたということでもあります。この実験の場合、基本的には英語学習に対しての遺伝的素質が表れた、そのうえに教え方・学び方の違いが加味されたということになります。

学業成績にはたいてい40％程度の遺伝の影響がみられます[33]。新しいことを学んだ結果に遺伝の影響が表れる。保守的か革新的かの程度を表す伝統主義的態度の個人差のように、社会的経験を通じて身に着ける態度や姿勢、価値観のようなものにも、やはり30％程度は遺伝の影響がみられます[34]。つまり学習機能は「環境の影響を遺伝の影響の上にかぶせる」と同時に、「環境が遺伝の影響をあぶりださせている」といえるのです。

†なぜ遺伝の影響は気づきにくいか？

このように遺伝と環境は両方ともにその姿を表しています。にもかかわらず私たちは遺伝の影響には気づきにくいものです。それはなぜでしょう。

理由は簡単です。私1人、あなた1人についてだけみてみれば、遺伝条件は基本的に変わらないからです。ですから変わったとしたら、それはすべて環境の影響とみなすことができる。一方で遺伝の影響は、あなたと別の人との違いのなかに表れます。

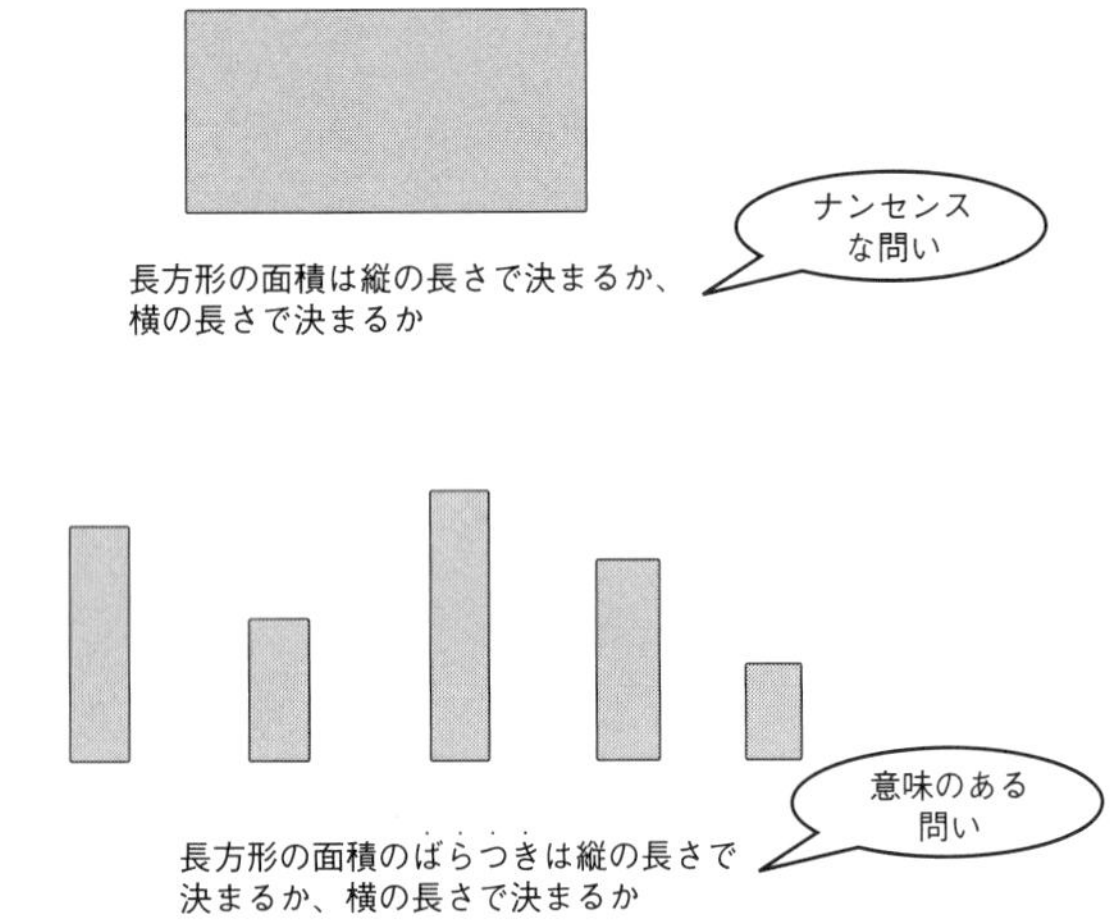
ナンセンス
な問い
長方形の面積は縦の長さで決まるか、
横の長さで決まるか
意味のある
問い
長方形の面積のばらつきは縦の長さで
決まるか、横の長さで決まるか

図表４－３　面積の違いは縦と横のどちらで決まるか？

よく用いられる「長方形の面積」の比喩をここでも紹介しておきましょう。長方形の面積は縦の辺の長さと横の辺の長さのどちらで決まるでしょう。この問いはナンセンスですね。どちらの辺の長さの方が重要でしょう。この問いもナンセンスです。縦と横の両方で決まり、どちらも重要です。遺伝と環境の関係もそれと同じです。しかしここに横の長さは一定で、縦の長さが違う５つの長方形があるとすると、その面積の違いは縦と横のどちらで決まるでしょう（図表４－３）。この問いには意味があります。当然、縦だけで決まるといえるからです。

あなた自身のことだけを考えれば、そ

の遺伝条件は変わりません。つまり横の長さは一定です。ですから縦の長さ、つまり環境の影響だけがあなたの変化に影響を与えていると感じる。しかし世の中にいる人たちはみんな、横の長さも違うのです。その結果として、この世の中の人たちの違いの少なからぬ部分が横の長さ（遺伝）でも説明され、どちらか一方だけではないというわけです。そしてそのどちらも人生に少なからぬ意味をもたらすのです。

③環境の意味がひとりひとり異なる

ここまでは1人の人が持つ遺伝的素質の表れとしての行動が、異なる環境のもとでどのように変わるかということを考え、遺伝だけですべてが説明しきれないことを理解していただこうとしました。しかしさらに重要な視点は、この世の中にはいろいろな人がいるということ、つまり横の長さの違いもいっしょに考えねばならないということです。異なる人間にとって、環境はどのような意味があるのでしょうか。

私たちはしばしば同じ環境を共有すると、同じ経験をし、同じことを学習すると考えがちです。これを錯覚であると証明したのがふたごの研究でした。それが第2章で紹介した行動遺伝学の3原則のなかの第2原則「共有環境の影響がほとんどみられない」というも

図表4－4　同じ環境でも人によって意味は異なる

のです。これは同じ環境に生活する家族どうしで多くの心理学的形質の類似性が遺伝要因で説明することができ、一方で同じ環境にいながら似ない傾向もまた大きいという知見から導き出された結論です。これはとりもなおさず、同じ環境のもとで同じことを学ばせているのは遺伝要因であり、一方で同じ環境のようにみえても実はひとりひとりにとってその意味が異なることを指し示しています（図表4－4）。

環境は多義的です。それは環境自体に意味があるのではなく、人が環境とどのようにかかわるかで意味を持ってくるからです。同じ職場で狭い机を並べて座っているあなたのお隣の人と、あなた自身の行動を比べてみましょう。そのほとんどすべての瞬間で2人は異なったことをし、同じものですら異なった使い方をします。同じ上司や仲間ともそれぞれに異なった関わりをしているはずです。

このようにして行動の連鎖が異なれば、経験の中身も異なってきます。それは同じ屋根の下に住み、遺伝子が同じ一卵性双生児であっても、経験からそれぞれ異なる意味が引き出されてくる。それが第3原則「個人差の多くの部分が非共有環境から成り立っている」に現れています。

†それでも共有環境が表れる場合

2011年3月11日、東日本を襲った歴史的大地震と大津波、そして原子力発電所事故は、日本人の多くに、おそらくある共通の経験を引き起こしたのではないかという気がします。多くの国民がみず知らずの被災した人々を助けようと思い、多くの自治体で本気になって地震と津波に対する対策を講じようとしています。原子力発電に対する信頼に根本的疑問を突きつけられたということも、共通の経験といってよいかもしれません。この国民レベルの「共有環境」の影響はどのように考えればよいのでしょうか。

まず多くの国民に眠っていた利他性が喚起されたのは、それ自体がヒトという動物が進化の過程で獲得した生得的に持つ共感性と利他性に根づくものと考えることができます。霊長類学者のフランス・ドゥ・ヴァールは『共感の時代へ』[35]という本の中で、この共感性がネズミ、ゾウ、そして霊長類にさまざまな形でみいだすことのできる進化的基礎を持つメカニズムに由来することを、数多くの事例を紹介しながら説得力のある説明を与えてくれています。

高度に社会的な動物であるヒトは、いかに利己的にふるまおうとしても、また本人がいかに自分を利己的だと思ったとしても、そこにどうしても利他性が現れてしまいます。利己性を実現するためには、なんらかの形で利他性を利用しなければなりません。その最も基本的な形は、好きなことをし、好きなものを買うために、いやいやでも仕事をしてお金を稼ぐというものです。世の仕事という仕事は、狩猟採集や原始農耕の社会から現代高度産業化・情報化社会に至るあらゆる社会の中で、やっている本人がそれに気づくと気づかないとにかかわらず、すでにことごとく利他性と共感性を発動させることで成り立っています（これは第6章で改めてとりあげます）。オレオレ詐欺のように人をだまして金を奪う場合ですら、だますときには相手に共感をさそい、金を出すことに意義をみいだしてもらわなければなりません（もちろんそのような共感性はすぐに破たんしますので、犯罪として処罰されますが）。

もし震災によって引き起こされた経験が共有されているとしたら、このようにもともと私たちが共通の遺伝的条件（この場合はヒトという種としての条件）を共有しているからにほかなりません（ちなみに被災地の方々のお話をうかがえば、被災状況、今後の課題、その土地での思い出などはひとりひとりすべて異なり、均質で抽象的な「被災者」などどこにもいないことがわかります。また被災者を助けようと思ったひとりひとりの行動も当然すべて違います。その意味では震災という同一経験が、あらゆる人々にそれぞれの非共有環境を経験させているともいえるでしょう）。

多くの自治体で同じように地震と津波に対する対策を講じようとしたこと、原子力に対する信頼に疑問を持つようになったこと、このレベルの「共有環境」の効果も、その根本には生物学的条件、それも最も基本的な生物学的条件がむき出しにされたことで現れたものと言えます。それはいずれも、私たちが生き物として生存するための基本的条件が危機に陥ったこと、その因果関係が震災、津波と原発の場合、きわめて明確であることから、必然的にそれに対する態度や処方が同じものになったといえるでしょう。

このように共有環境の効果が表れ、同じ環境の中で同じ行動を引き起こされる背景には、実は同じ遺伝的条件があったからであると考えることができます。ちなみに、ここでも個別の対応の仕方や状況の解釈は、関わるそれぞれの人の置かれた文脈によってみな異なること、そのレベルでの非共有環境の効果が大きいこともいうまでもありません。

†遺伝に還元されない要因とはなにか?

ふたごの研究の中で、いくつか例外的に共有環境の影響がみいだされるものがあります。その代表例として学業成績と物質依存を考えてみましょう。図表2-11が示すように、学業成績には20%程度、物質依存にも15~30%程度の共有環境の影響があります。その相対的比率は遺伝と比べて必ずしも大きくはありませんが、重要なことはふつうみられない共有環境の影響がここにはみられるということ、つまり他の心理的形質とは異なる形成要因がこれらにはあるということです。

学業成績の良し悪しにかかわる、遺伝に還元されない共有環境要因とはいったい何でしょうか。学校の成績と関係する家庭環境については、これまで数多くの研究がなされ、たくさんの要因が指摘されています。そのなかにはまず、親の愛情が乏しかったり親から拒絶や体罰を受けることが少ないといった、人間らしく生きるための基本的な人間関係が影響していることが報告されています[36]。

また子どものころに親が子どもともとおもちゃや絵本で遊びながら知識を伝えてあげたり、家庭の中で知的な言葉づかいをしたり、いろいろなところに連れて行っていろんな経験をさせてあげたり、またもちろん勉強を直接うながしてあげたりすることなど、親子関係の間に作られる子どもの知的能力に直結するような環境があります[37]。さらに夫婦をはじめ家族の関係が円満であることや家の中が整理整頓されていることなど、家庭全体の雰囲気を作り上げている環境要素もあります[38]。それから「孟母三遷《もうぼさんせん》」といわれるように、その家族の住んでいる地域の教育レベルが影響しているという報告もあります[39]。

しかし、こうした要因は、そもそも子ども自身の遺伝的傾向がこうした環境を引き起こしているのではないかと考えてみる必要はあります。たとえば子ども自身がもともと遺伝的に落ち着きがなさすぎたりすると、親にとっても子育てがしにくく、結果的に親から拒絶されたり乱暴に扱われたりして、さらに問題が大きくなるということが、私たちの研究データでも示されています[40]。しかし上に挙げた研究では、その可能性を直接間接に考慮してもなおかつ共有環境の影響があることが示されているのです。

このような共有環境の本質は「社会的ルール」あるいは「手続き的知識」の学習として一般化されるのではないかと私は考えています。社会的ルールとは、必ずしも法律や礼儀作法に限りません。いわゆる手続き的知識とは一般に「こういう場合はこうする」という形で実際に行動として表現される知識のことです。何時になったら机に向かって参考書を開いて勉強するといった生活習慣、わからなくなったらきちんと論理を追って考え直すといった認知スキル、これらはある程度ルール化されて学習可能なものです。それが家族で明示的に学ばされる機会があれば（あるいはなければ）、それを身に着け（あるいは身に着けられず）、共有環境としての効果を発揮するでしょう。

飲酒や喫煙、マリファナなど違法な薬物の習慣に共有環境があるのは、端的にその物質が環境の中にあるかないか、つまり家族やふたごのきょうだいのだれかひとりでもそれをもっているか、あるいは住んでいる地域や家族が関わりやすい人を通じて手に入れやすい物理的環境にいるかいないかが、かなり影響を持つからではないでしょうか。

これがその人の個性や発達障害などの心理的形質と違う点です。家族をおしなべて「外向的」なパーソナリティにさせる、あるいはＡＤＨＤ（注意欠陥多動性障害）にさせるために使われる物質的ツールや社会的ルールなど想像できませんが、物質依存は、文字通りその物質があるかないかが最初の決め手となります。もちろん物質に依存しやすい遺伝的素因、依存しにくい遺伝的素因はあります。依存しやすい人は自分から進んでその物質を手に入れようとする傾向が高くなるでしょう。しかしやはりそのものがズバリ目の前にあるかないかにも大きく依存することは想像に難くありません。

特異な家庭環境がもたらす経験、たとえば虐待経験がもたらす対人へのネガティブな態度(これは好ましくない環境ですが)、お家芸、独特な家風、家業に関わる慣習とそれによって形成される生活習慣や生活様式なども、社会的なルールや習慣を介して共有環境の効果が表れるものと考えられます。さらには大阪人らしいボケとツッコミのスキル(?)や方言、その土地にしかないものの扱い方(沖縄の人はサトウキビの食べ方、北海道の人はイカの皮の剝き方をみんな知っているなどといわれますが……)のように地域性のある習慣にも共有環境がみいだされるでしょう。

しかし行動遺伝学がみいだしてきたのは、「こういう知識やルールの有無が行動の個人差のすべてを説明するものでは決してない」ということです。そもそもお家芸やボケ・ツッコミスキルは、行動遺伝学のモデルで検証することの困難な形質(一般の人全員に標準的に測ることができないもの)なので、その実証性は確かめられていませんが、これらは特定の状況に限定されて表現されるものが多く、特定の文化的な内容をもったものですし、その時かぎりのものです。またその個人差には遺伝要因も非共有環境要因も依然として入ってきて、同じ環境にさらされたからといってすべての人がまったく同じようにふるまうわけではありません。

たしかに環境の共有環境的効果だけをみると、人間は環境によっていかようにもなりえそうな気持ちになります。そして遺伝によって与えられた制約、特に無能さや不適応な行動を環境によって改善し、遺伝からの自由を勝ち取ることができるようになると考えたくなります。しかしそこだけをみるのではなく、遺伝要因と非共有環境要因を合わせた総体の中で考えられなければなりません。

†④遺伝の意味が環境によって異なる

ここまで環境と行動の関係をみてくれれば、これらを統合したものとして図表4-5が導き出されると思います。

つまり異なる遺伝的素質の人が、異なる環境下で、異なった行動特徴を発現し、また新しい行動を学習し獲得しているのです。複雑に思われるかもしれませんが、おそらく現実

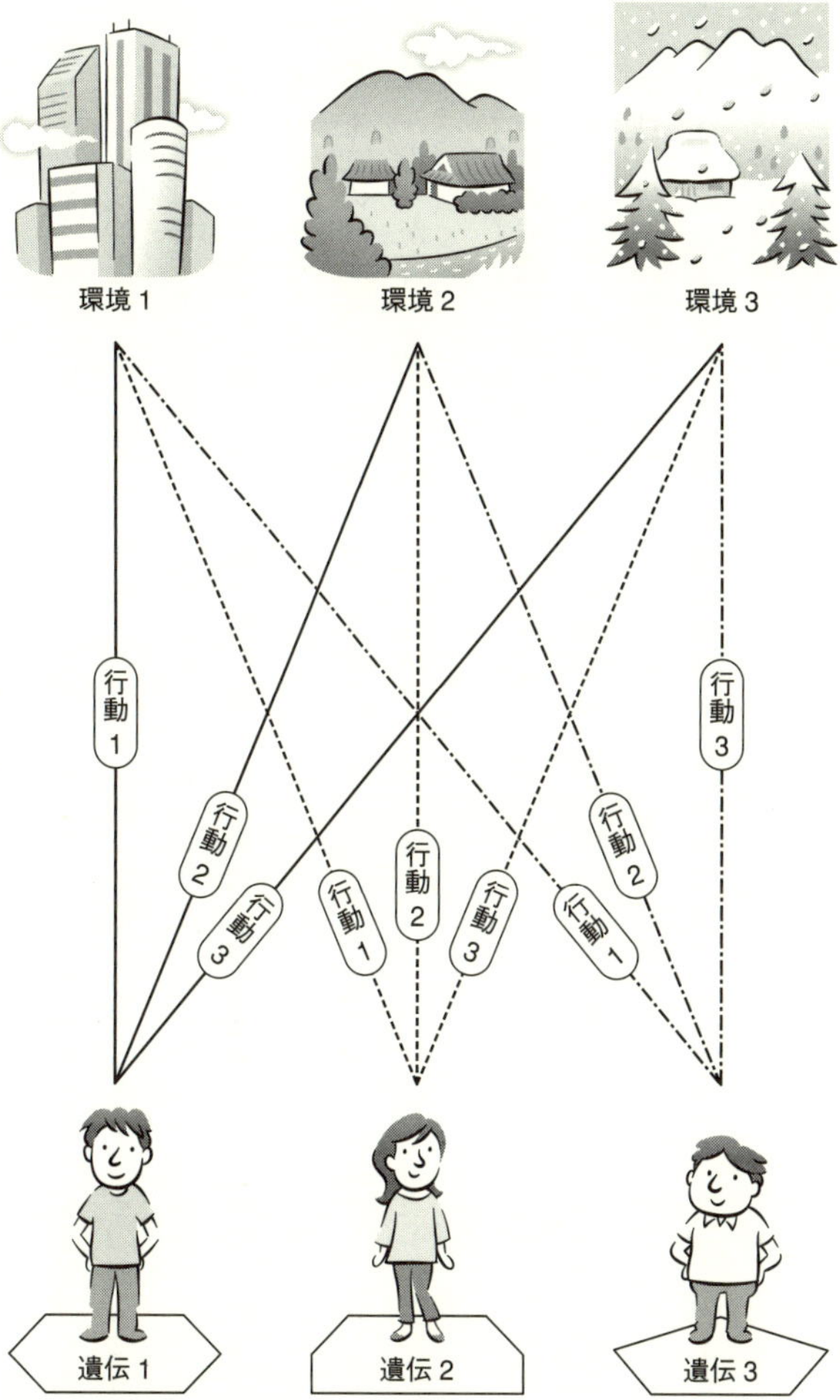

図表4－5　遺伝と行動の関係

はこの図式よりもさらにはるかに複雑でしょう。

環境も学習された行動も、時間とともに変化します。そしてその都度、経験は思い出と学習による知識獲得によって蓄積され、のちの行動に影響を及ぼします。そのあらゆる時点で、ひとりひとりの遺伝子の影響が表れ、またその状況に即した非共有環境の影響を受け、もしそこに社会的ルールが手続き的知識として獲得され、それを共有する人たちとの間で共有環境となります。

ここでこの図が表している状況が、具体的にはどのような形で起こるのかを、私たちの研究グループが行ったふたごの研究から紹介しましょう。

・英語教育の成績の差

先にも紹介した英語教育のふたご実験では、会話中心と文法中心の教え方の違いがおなじ一卵性双生児のきょうだいの間でも成績の差となって表れること、つまり環境の影響がみられたことに加えて、それでも成績の類似性は一卵性双生児の方が二卵性双生児よりも高く、遺伝の影響もみられました。

しかしそれだけではなかったのです。文法を正しく運用する能力は、遺伝的に言語性知能の高い一卵性のペアでは文法中心の学び方をした方が成績が良かった場合が多かったのに対して、言語性知能の遺伝的に低いペアでは、成績が似なかったり、逆に会話中心の学び方をした方が成績が良い場合が多かったのです。これは異なる遺伝的素質が、異なる環境に対して、異なった学習の成果を導いた好例と言えるでしょう。これを「遺伝・環境間交互作用」とよびます。

・伝統を重んじるか、革新性を好むか

これも先に紹介しましたが、伝統を重んじるか革新性を好むかという社会的態度をあらわす伝統主義的権威主義の程度は、おしなべてみると遺伝要因が30％、残りが非共有環境となります。しかし家族が親密でお互いによく話す家庭とそうでない家庭にわけて分析したところ、親密な家庭には共有環境の影響も無視できないくらい関わっていることがわかりました。そのぶん相対的に遺伝の影響が少なくなっているのです。

つまり家族の意思疎通があまり多くない家庭では、子どもの社会的態度は自分自身のもともとの遺伝的素質と出会った環境に調整されて形成されるのに対して、家族どうしの絆が強く意思疎通をよくする家庭では、家族どうしの社会的態度が共有されるわけです。環

境が違うと遺伝の影響の仕方が異なってくること、それに応じて環境自体の影響も異なるということが、遺伝と環境の相対的な影響力の差としてとらえることができたわけです。

・子どもの問題行動の差

子どもの問題行動にも複雑な遺伝・環境交互作用がいろいろみいだされました。

3歳から4歳にかけて、子どもの行動は劇的に変化します。落ち着きがない、不安を訴えやすいといった感情問題も、この時期にはずいぶんと移り変わります。この変化にも遺伝と環境の両方が関わっていると考えられます。親が優しく接してあげることによっておさまるという環境の影響もあるでしょうし、こうした感情問題に影響する新しい遺伝子の発現と変化があることもあるでしょう。

この時期の感情問題行動の変化量に及ぼす遺伝と環境の影響が、親の養育態度のあたたかさによってどう違うかをみようとした分析結果が図表4-6に示されています[41]。図の横軸を右側に行くほど養育態度があたたかくなり、それとともに遺伝の影響が減少していくことがわかるでしょう。感情問題を遺伝的におこしやすい子どもとそうでない子どもがいることは確かです。しかし親の接し方があたたかくなるにつれて出にくくなることがここ

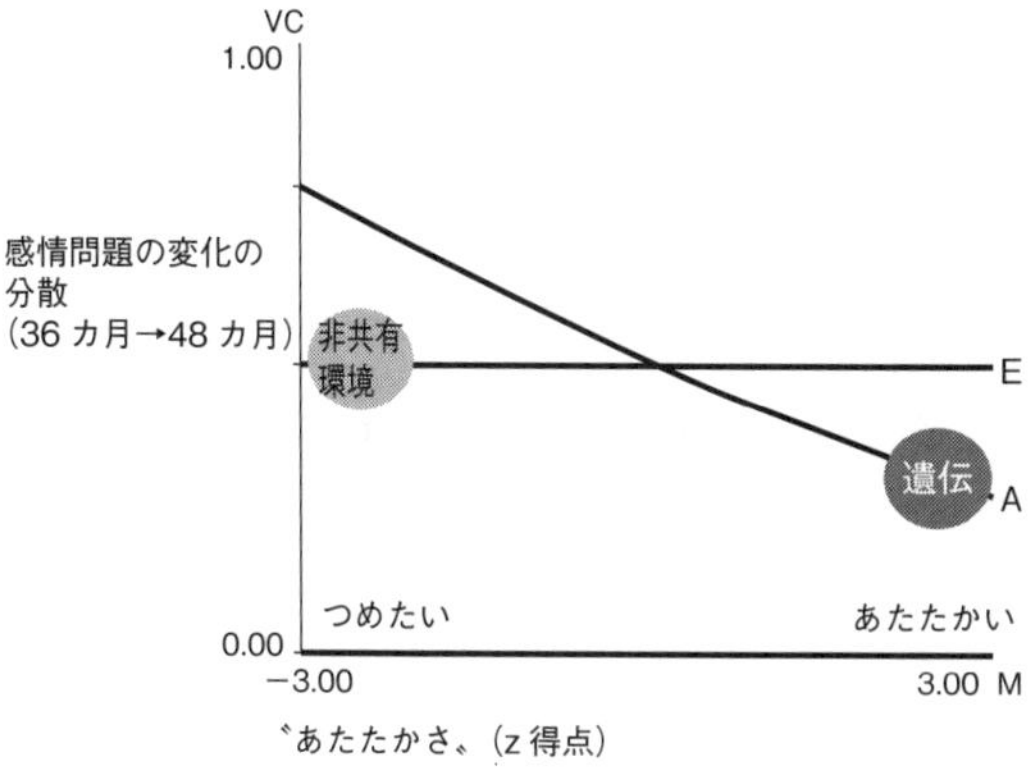

図表４－６　感情への遺伝子と環境の影響

には表れています。言い方を変えれば、感情問題に対する遺伝的な影響の出方が、環境が異なると違ってくるということになります。これも遺伝・環境間交互作用の一例です。

こんにち行動遺伝学の研究では、このような遺伝と環境の交互作用の現象、つまり「遺伝と環境の影響は、遺伝と環境の条件の違いによって異なる」という現象が非常に数多くみいだされています。

たとえば、おしなべてみると遺伝の影響が大きいとされる知能についてみても、80を超える高齢者全体からみれば遺伝の影響は中程度にあるのですが、特に認知症にはなっていないけれど知的能力が低い方（下位40％）の人に限ってみると、その中での知能の差には遺伝の影響がまったくみられないという報告があります[42]。これは高齢者の認知症のはじまるきっかけやその重篤《じゅうとく》度に、遺伝よりも環境の違いが大きく影響していることを示唆する結果です。

また青年期の知能の個人差は、社会階層が高いと遺伝の影響が大きいが、低い方では逆に共有環境の影響が大きいという報告もあります[43]。つまり社会階層が低いほど親の育て方や家庭の状況の違いが直接、知的能力を大きく左右することを示唆します。このことは遺伝と環境についての議論をするときに、エビデンス（科学的根拠）に基づいて、さまざまな条件を考慮した緻密な議論が必要であり、またそれが可能であることを意味します。

†環境が遺伝の出方を調整する

行動には遺伝だけでなく環境の影響も受けやすいことを、この章ではいろいろな側面からみてきました。

ここで描かれたのは、ヒトが環境によっていかようにもなれるというものというよりも、「環境が遺伝の出方を調整する」あるいは「環境の影響の受け方自体が遺伝によって調整されている」ということでした。これは「遺伝による制約から環境によって自由になれる」という単純なイメージとはかなり異なります。

人はなぜ遺伝の制約から逃れたいと思うのでしょう。なぜ本来自分自身を内側から作っているはずの自分の遺伝子たちの影響を、自分を外側から操るものととらえてしまうのでしょう。遺伝的に頭が悪い、遺伝的に運動神経が鈍い、遺伝的に怒りっぽい、遺伝的にだらしがない……、こうした社会的にネガティブな性質が、環境を変えることによって賢く、すばやく、落ち着いた、そしてきちんとした人間になれるのであれば、そうなることを期待します。もし遺伝的にそうなれないといわれたとき、不自由だと感じるのです。

しかしそれは「頭が悪い」ことによって、あるいは「性格が悪い」ことによって、不利になる社会的状況があるから困ったことになるからでもあります。より正確にいうならば、ある遺伝的な条件を持った人が「頭が悪い」とみなされてしまうような環境があるから困ったことになるのです。「頭が悪い」のが不利なのは、有名大学に進めなかったり、難しく複雑な状況をうまくこなすことができずに苦境に陥ったりするといった社会的状況があるからでしょう。逆に「頭のいい人」は、いい大学に進み、社会的に高い地位を得やすくなり、難しい事態にも賢く振舞って切り抜けるチャンスが増えることでしょう。こうした状況で遺伝的条件が頭の良さに関与しているという行動遺伝学の結果は、人を少なからず不愉快に、そしてしばしば絶望的にさせます。

†環境こそが遺伝子を制約している

それでは遺伝の制約を環境によって克服し、その社会の価値基準で望ましい行動をとれるようにすることが解決策になるのでしょうか。むしろ問題は「頭の悪さ」それ自体にあるのではなく、ある遺伝的な行動特徴を「頭が悪い」とみなし、それを不利な状況に陥りやすくさせる社会的状況にもあると考えられないでしょうか。

このことはその社会的状況が変われば、遺伝的に良いと考えられていた素質が逆に好ましくない結果に結びつくこともある例を考えるとわかります。たとえば頭がいいから医学部に進むのが当然といわれ医者になったところが、頭でっかちで患者の気持ちや生活に思いをはせることのできない医者になってしまったなどということがありえます。難しい事態を解決することを任される機会が増えることで、人並み以上のストレスにさらされることになるかもしれません。コンピュータ技術や遺伝子工学など、科学技術を最先端で開発しているのは概して「頭のいい」人たちですが、そうした人たちの作るものはこれまた概して複雑で、便利な面もありますが、普通の人には使いづらくわかりにくくなってしまっているのも事実ではないでしょうか。この社会の人工物の「わかりにくさ」が私たちの命をどれだけ危機にさらす可能性があるかは、震災に伴う原発事故で露《あら》わになりました。もともと原発も電力もないアフリカの狩猟採集民の社会にはこのような事態は決して起こりません。

むしろ、「問題は、遺伝子たちが表れようとする行動にふさわしくない環境が周りにあるからなのかもしれない」と考え直してみることはできないでしょうか。環境をいかに変えても、それに応じて遺伝子たちはそれ自体の機能を発揮させながら個体に知識を学習させ、場合によっては新たな遺伝的素質を開花させて、その新たな環境に適応する方略をとろうとします。いまある文化環境、社会環境に適応させることのみを目的とし、その意味での望ましい行動へ変化させるという考え方一辺倒では、常に私たちは環境のなすがまま、社会環境から与えられる価値観の制約に服従し続けねばなりません。

もともと社会や文化は、ヒトという生物が、進化の過程でどういうわけか持つようになってしまった高い創造性と社会的学習能力を備えた脳によって、本来は自然環境に適応するために作り出された道具です。それはいわば「延長された表現型」であり、遺伝子たちがもつ生物学的性質を支え、生存と繁殖にとって欠くことのできない道具として機能しますが、それはもとはといえば遺伝子の生存のための道具なのです。

長い歴史的蓄積とそれに関わる人々のために、社会や文化それ自体がシステムとして自律した存在となってしまったかのように感じられるのは確かです。しかしあくまでもそれは生命の生存と繁殖のための道具にすぎません。そしてヒトという生命は、一人で生きられないばかりでなく、他者との協同、そしてあらゆる生命との関係の中で、その生存条件を実現し続けています。その生存条件の想像を絶する複雑なシステムを根底から支える遺伝的条件が、逆にそのシステムのために不白由さを被っているというのが実態なのではないかと思われます。

このように考えると、不自由さの原因は遺伝の側にあるのではなく、遺伝にとって不都合な環境の方にあるという逆の側面がみえてきます。このことをふまえて、遺伝と社会と経済についての考察を次章で深めてみたいと思います。

第５章

社会と経済の不都合な真実

――遺伝から「合理的思考」を考えなおす

私たち人間も、他のあらゆる生物と同じく、この地球上で長い進化の歴史を今に伝える遺伝子の産物です。そのため、私たちのすることなすことのすべてが、その顔かたちと同様に、遺伝子たちの姿を表していることは当然すぎるほど当然のことです。ここまで読んでくださった方であれば、このことはもはやラディカルでもなんでもない当たり前の話と受け入れてくれるでしょう。

†私たちのすることすべてに遺伝は表れる

ここで「私たちのすることなすことのすべて」には、次のようなものも入ってきます。

読書時間、家庭での勉強時間、勉強への意欲、テスト問題が解けなかった時に後からよく考え直してみること、運動をする、朝ご飯をきちんと食べる、毎日歯を磨く、教会やお寺に行く、選挙に行く、どの政党に投票するか、職業選択、職業満足度、職場の雰囲気を良いと感じる、何か問題が起こったときの対処の仕方、部屋の散らかり具合、人気者の友達がどれくらいいるか、離婚、初めてセックスした歳、タバコやお酒への依存、不倫や性的放逸《ほういつ》、麻薬に手を出す、麻薬中毒になる、人生に幸せを感じる度合い、同性愛、殺人、強盗、非行、そして収入……[44]。

これらはすべて、行動遺伝学の研究で、少なくとも25％以上の遺伝の影響が報告されたことのあるものです。ごらんのとおり、だれしも気になる重要な事柄から日常の些細な事柄まで、文字通り「私たちのすることなすことのすべて」といえるでしょう。

こうなると違和感を持たれる方も少なくないのではないかと思われます。これらは生物学的なものではなく文化的なもの、社会的なもので、学習や習慣や価値観の問題であり、それを自分ですることを自分で選んだことなのだから、遺伝子とは無関係である、と。

しかしこれこそが、行動遺伝学の第1原則「あらゆる行動は遺伝的である」の意味することなのです。まだ行動遺伝学で調べられたことのない行動も無数にありますが、おそらくどのような行動についても、それをするかしないか、それをする頻度、それに対する好み、その出来不出来といった個人差について比較すれば、必ずや一卵性双生児の方が二卵性双生児よりも、程度の差こそあれ、高い類似性を示すでしょう。

なぜならそれらはすべて、遺伝的に個性的な私たちひとりひとりが、この文化に対して適応しようとするそれぞれの営みの結果として表れてくるからです。私たちにとって、文化的なもの、社会的なものは、同時に生物学的でもあり、遺伝的でもある。こののっぴきならない、しかしあたりまえの事実を、ふたご研究は私たちに示してくれるのです。

自由意志による選択と信じていたことに遺伝子が関わっていたといわれると、自由を奪われたように、遺伝子のなすがままにされているように感じてしまう。遺伝子に対するこの認識は果たして妥当なのでしょうか。

しつこいようですが、誤解されては困るので、もう一度繰り返します。このことはこれらの行動が遺伝によって「決まっている」といっているのではありません。「決まっている」という表現は明らかに状況を適切に記述していません。なぜならこれらの遺伝の影響はどれも50%以下、つまり逆にいえば相対的には非遺伝的な影響の方が多いこともまぎれのない事実だからです。ですから私は自分の学生に、テストで「遺伝によって決まっている」という言葉遣いをしたら落第させると「脅迫」し、「言論統制」しているくらいなのです。遺伝子の表れは同時に特定の環境に対する適応の表れなのですから、環境が異なればその表れ方も異なります。

またなにかひとつの遺伝子の働きで説明されるものでもありません。「朝食遺伝子」「歯磨き遺伝子」「不倫遺伝子」などというものをイメージするのが荒唐無稽であることはいうまでもないことです。この遺伝の影響を支えているのはポリジーンという無名の遺伝子たちの織り成す、抽象的で何ものとも名づけにくいカタチが、私たちの文化の中で表れ、「解釈」され意味づけられていることを忘れてはいけません。

これらすべてをわかったうえで、やはり遺伝要因は無視できないと言っているのです。なぜ規則正しく朝食を食べ、きちんと歯を磨き、不特定多数の人とセックスをしたがるのかは、それぞれの人の社会的事情だけでなく遺伝的事情によっても異なるのです。

たとえば朝食を規則正しく食べるという行動についていえば、それが規則正しい生活をしたがる遺伝的性向に導かれているのかもしれませんし、その時間に決まって空腹になりやすい遺伝的性向に導かれているのかもしれませんし、「朝ご飯を食べなさい」という親に逆らえない遺伝的性向に導かれているのかもしれません。これらはすべて人によって異なる遺伝子たちが自分の置かれた環境に適応しようとした結果ですが、それを一様に「朝ご飯を規則正しく食べている」と解釈しているのです。

このことをふまえて、いくつかの「気になる」社会的、文化的問題について考えていきましょう。

†収入の遺伝を考える

やはり一番気になる事柄の1つは「収入」でしょう。

収入というのは、もちろん行動そのものではありません。経済制度の中で生み出された、間接的な、極めて社会的な産物にすぎません。ですから「収入におよぼす遺伝の影響」、あるいは「収入の高低に関わる遺伝子」などというものについて考えること自体、ナンセンスであると考える人もいることでしょう。

遺伝と収入の関係など「風が吹けば桶屋が儲かる」程度の関係にすぎない、たとえ自分の仕事に関わる行動自体には遺伝の影響がある程度表れていたとしても、それが収入に結びつくまでには、その時々の景気の具合や儲かる仕事に出会えるか、自分の仕事を育ててくれる人やお得意さまに出会えるかどうかといった、非遺伝的な要因の連鎖によって、遺伝の影響などかき消されてしまうと考えても不思議はありません。そうであれば非共有環境が圧倒的に大きいことになるはずです。あるいは遺伝とは別に、親の社会経済的地位や縁故関係のような要因が関与するとすれば、それは共有環境の効果として表れてくるでしょう。

†収入への遺伝の影響は2割から4割

行動遺伝学者のロウたちは、アメリカにおける収入の個人差について、一卵性双生児と二卵性双生児の比較ではなく、きょうだいと半きょうだい（一方の親だけが同じきょうだい）の比較によって調べました。[45] その考え方は双生児法と同じで、遺伝的により近いきょうだいどうしが、成育環境を統制してもなお半きょうだいよりも類似するとしたら、そのぶん遺伝の影響が強いと考えるわけです。この研究ではきょうだいが１９４３人、半きょうだいが１２９人のデータが用いられました。そしてその結果、収入の42％が遺伝で説明されました。それに対して共有環境の影響は８％、残る50％が非共有環境によるものでした。

また行動遺伝学者のビョルクルンドたちは、[46] スウェーデンの双生児ときょうだいの膨大なサンプルで、より信頼性の高い収入の遺伝に関する分析をおこないました。国民総背番号制の北欧諸国ではふたごをはじめ血縁者の所在をつきとめやすいので、別々に育ったふたごを含む大規模な家系研究が盛んです。なかでもスウェーデンのカロリンスカ医科大学のペダーセンが率いるプロジェクトの規模は大きく、ビョルクルンドが分析したデータには、同じ家庭で育ったふたご5321組、きょうだい48389組、半きょうだい2862組、別々の家庭で育ったふたご86組、きょうだい3297組、半きょうだい2862組、さらに養子のきょうだい1954組がふくまれていました。その結果、収入への遺伝の影響は多めに見積もって30％、少なめに見積もると20％、残りのほとんどは非共有環境という結果でした。

ロウのアメリカのデータから得られた結果に比べてビョルクルンドらのスウェーデンの結果の方が遺伝の影響が少ないのは、サンプル数が多いためにより正確な数値が見積もられたからかもしれません。あるいはまたアメリカとスウェーデンの文化の違い（たとえば福祉制度の発達したスウェーデンの方が、遺伝による貧富の違いがあらわれにくくなっているなど）なのかもしれません。その違いを探求するのはそれ自体興味深い問題ではありますが、それを具体的に探究する十分な情報がありませんので、ここではこの2つの研究から得られた、遺伝の影響が2割から4割、残りのほとんどが非共有環境によるという結果について考えてみたいと思います（ちなみに収入の遺伝を直接扱った研究は、いまのところこれぐらいしかみつかりませんでした）。

†IQと学業達成の3分の2は遺伝である

この結果自体は、他の行動と同様のありきたりの値にすぎません。収入すらも行動遺伝学の3原則に従っています。

たしかに非共有環境が8割という結果は、収入が遺伝だけでない偶然の要素にかなり大きく支配されていることを意味します。同時に共有環境の影響が1割以下ということは、親の七光りや縁故に恵まれているかどうかの影響が非常に少なく、もし親の影響があるとしても、それは遺伝によって与えられた広い意味での資質であることも示唆します。

もし遺伝の影響が4割であるとしても、それは決して愉快な現実とは言えないでしょう。なにしろこの社会にある貧富の差を長方形の面積の差に喩えれば、その半分近くが遺伝側に当たる横の長さの差に由来することになるからです。それはもはや偶然だけでなく、どのような仕事を選び、どのような働きぶりをして、その過程でどのような人とつながりをもって、どのようなチャンスをつかむか、そしてどの程度の成果を生むか、そのあらゆる過程になんらかの形で遺伝子たちが関わっており、その結果として遺伝の影響が収入に反映されてくると考えられます。

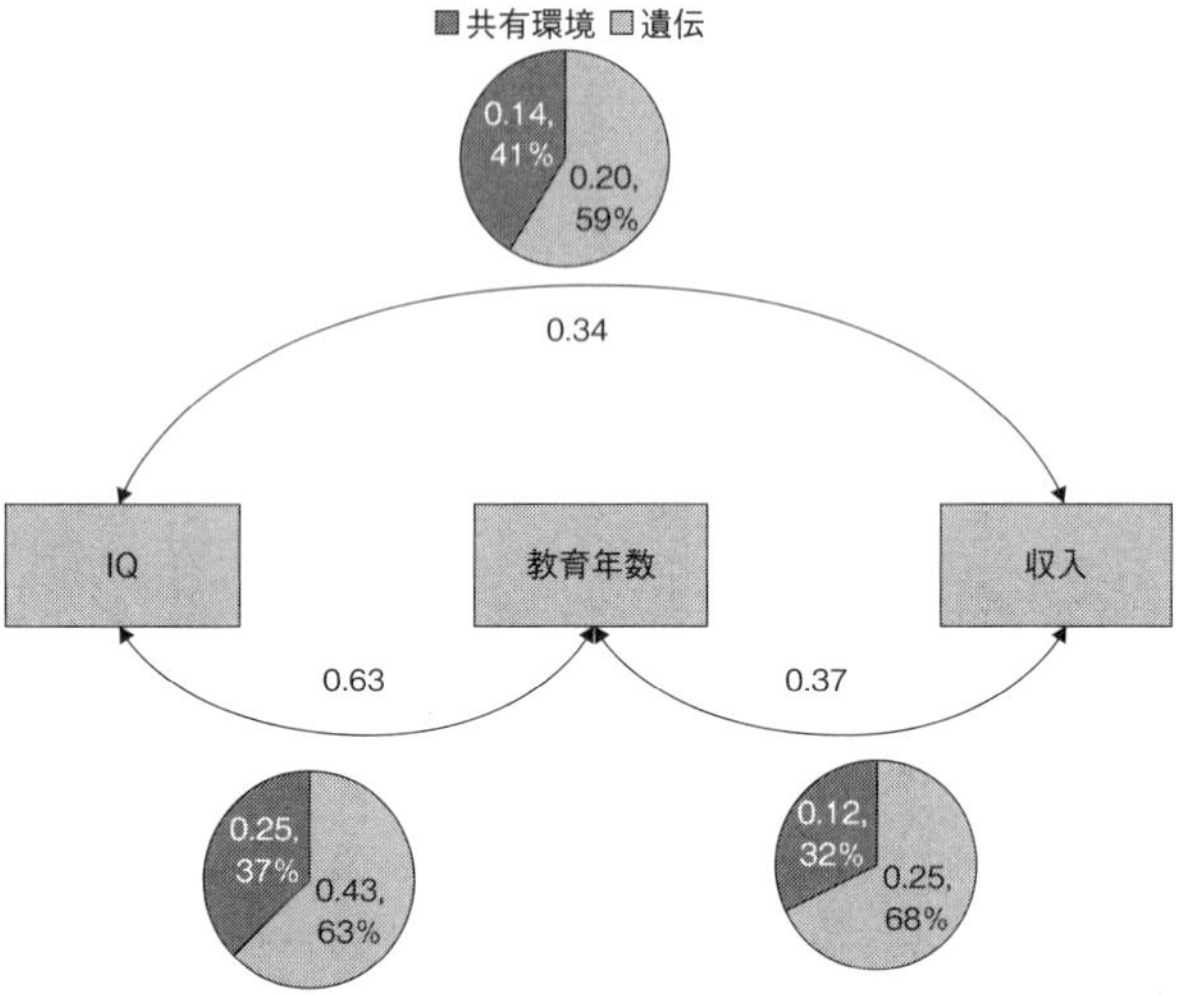

図表5－1　収入は教育年数とIQによって、どの程度説明されるか？
（ロウら、1998より作図）

収入への遺伝の影響とは何なのでしょうか。ロウの調査ではそれをIQと教育年数との関係で考えてみようと試みました。わが国でもそうですが、どのような職業に就くかは学歴と少なからぬ関係があることが知られています。そして学歴は個人の知的能力と少なからぬ関係があることも事実です。

図表5－1が示すように、ロウの調査では教育年数と収入の相関が0・37ありましたが、このうち遺伝が0・25（68％）、共有環境が残りの0・12となっていました（ちなみに教育年数は遺伝に

よって68%が説明されました)。またIQと収入の相関は教育年数とほぼ同じく0・34あり、そのうち0・20(59%)が遺伝で、残り0・14が共有環境で説明されました。つまり収入を説明するIQや学業達成の影響のおよそ3分の2は、遺伝要因によって媒介されているということになります。

とはいえ、収入のなかでIQや教育年数では説明できない遺伝の割合が、収入に及ぼす遺伝要因全体の71%にもおよぶこともわかりました。ですから俗にいう頭の良さや学歴以外の遺伝要因(たとえば、その職業への興味や満足度、その職業特有の遺伝的素質や勤勉性や人なつこさといったパーソナリティに関わる遺伝要因など)も収入には関係しているであろうことも読み取ることができます。このようにふたごのデータを活用して、関心のあることがらに関連すると考えられる要因が測定できてさえいれば、それらの遺伝要因と環境要因の関連性を見積もることが可能になるのです。収入についてみれば、たしかにいたずらに遺伝決定論を恐れるほどでないことはわかりましたが、同時に遺伝要因を無視できるものでもないこともわかってきます。また同時に、関連する心理的・行動的性質(収入の場合はIQや教育年数)とのさまざまなネットワークを成している様子もみえてくるのです。

†教育投資の見返りは本当にあるのか？

　ここでとりあげた学歴と収入との関連は、もともと遺伝的な視点からというよりも環境との関連でむかしからの関心事でした。つまり学歴が高いほど収入が高くなるのですから、学歴を高めるために教育に投資すればするほど豊かな生活が送れるようになるはずです。近代化を推し進めようとする国家が、教育政策を国の最重要課題の1つにかかげるのもこのためです。この教育投資に対する見返りが本当にあるのかないのか、このことを実証的に確かめるにはどうすればいいでしょうか。

　科学的にたしかな方法は、教育的な投資を実際に行ってみて、学歴を高めた人の方がそうでなかった人と比べて収入が高くなったかどうかを確かめることです。この場合必要なことは、「もともと能力や社会的背景が同じ条件の人」が高い学歴をもつことによってより豊かになれるかどうかを確かめることです。

　ところがふつうは、もともと能力や社会的背景が有利な人が高い学歴をもつ傾向が高く、その結果高い収入に結びつくことが多いので、学歴が収入の直接の原因かどうかわからないという難点があります。学歴と収入にみられる相関関係は、教育そのものの効果なのか、それともともとの能力や社会的背景要因がもたらしたみかけの効果なのかの区別がつかないわけです。このような「もともと同じ」という条件を実験的に実現することは倫理的に言って不可能でしょう。なぜなら能力や社会的背景の諸要因が同じ人たちを選び出してグループ分けし、強制的に高校、短大、4年制大学に振り分けなければならないからです。

ですから、社会調査でなされるのは、それを統計的に処理する、つまり学歴と収入の相関のなかから、「もともとの変数」(この場合は能力や社会的背景、これを統計学では共変量《きょうへんりょう》と呼びます)で説明できる程度を数学的に割り引いて、純粋な効果の程度を見積もることです(統計学に詳しい方は、能力や社会的背景変数を共変量とした偏相関係数《へんそう》をもとめたり、あるいは重回帰分析をすることによって求めることだとご理解ください)。

しかしそれでもあくまでも学歴に関わる「もともとの変数」が測定されていなければ算出できず、この世の中で関心対象となっている行動にどれだけの「もともとの変数」が絡んでいるのか、なかなか判断に難しいため、このような間接的な方法で得られた結論の妥当性には疑問符が常に打たれます。

†教育投資の見返りは10％程度

ところがふたご、とくに一卵性双生児による研究では、その難しい条件統制を実際に行って、純粋な教育への投資がもたらす見返り効果を推定することができます。つまり一卵性双生児の中で異なる学歴のペアを比較するのです。一卵性双生児は遺伝要因という究極的な背景条件が一致しており、それに由来するあらゆる能力の事前条件は一致しているという理想的な統制条件を満たしています。ですから、その2人の間に差がみいだされればそれはすべて非遺伝的条件、つまりなんらかの意味での環境条件によってもたらされたものと言い切ることができます。

加えて、一卵性双生児は育った環境も同じですから、親の学歴、収入、職業、文化資本、その他の重要な家庭がもたらす環境条件も一致していています。そのような一卵性双生児でも、一方は大学に進んだけれども一方は高校を卒業してすぐに就職をしたというようなケースはある程度みいだすことができます。そのきょうだい間でどれだけ収入の差があるかがわかれば、これは純粋に教育的投資が収入に与える効果量を推定することができるというわけです。

このアイデアはすでに1970年ころからトーヴマンという研究者が指摘し、実際に研究を行ったことのある古典的な方法[47]ですが、アシェンフェルターたちが1998年にアメリカのデータ[48]で、またリーが2000年にオーストラリアのデータ[49]を用いて、同様な研究を行いました。その結果、いずれの研究においても、「教育的投資を行うことによる見返りはおよそ10％程度である」という結論が導き出されました。より上級の教育を受けることにより、それが環境の効果として実際に有意な上昇が期待できるのです。しかも、その効果は白人より黒人の方が、また親の教育レベルが高い方より低い方が大きいことも示されました。おなじふたごによる研究法でも、これこそが収入に遺伝要因があると知らされる以上に、だれもが期待する朗報と言えるのでしょう。

もちろん、この結果は統計的な計算から得られた平均的な効果であり、より高い学歴を積むことで、だれもが必ず収入の上昇に結びつくとは限りません。また人によっては、好きでもない大学に進むよりも、自分が夢中になれる職人の道や趣味の道を究める方が、10％の収入上昇よりもその人の人生にとって大切であるということもあるでしょう。

遺伝と教育との関係については最終章でより深く論じますが、そもそも教育の目的が収入の増加だけにあるわけではありません。そしてなによりもこの結果は「遺伝条件が同じであれば、環境の差が実際に収入に結びつく」、つまり「長方形の面積は、横の長さが一定であれば、縦の長さでその大きさが実際に変わる」といっているのと同じ、当たり前のことともいえます。そして依然として、横の長さ（遺伝）の違いが20％から40％ほど影響し、私たちの社会の中の収入差を説明しているという事実と矛盾することはないのです。

†経済行動に遺伝子は影響するか？

収入は、私たちが営む経済行動の一部の指標にすぎません。

これをどのように使うか、その時にどのような価値判断が関わっているかもまた、経済行動の重要な側面です。近年、そのような経済行動におよぼす遺伝の影響に関心を寄せる研究者が現れてきました。

たとえば、今日1万円もらうのと、10日後に1万円もらうのとどちらを選びますか。多くの人は、条件が同じならば10日後にもらうよりは今日もらうと答えるでしょう。では、今日だったら1万円だけど10日待てば2万円もらえるとしたらどちらを選びますか、と聞かれたら、多くの人が10日間がまんしてでも2万円の方をとると思われます。それでは10日後に1万100円だったら？　1万1000円だったら？　1万1000円、1万2000

円……だったら？　きっと人によって、そのどこかの時点で、今すぐもらいたいという判断と、10日待った方がいいという判断が入れ替わることでしょう。

これを経済学では「時間選好」と言い、また時間選好で将来の価値を割り引く率を「時間割引率」と言います[50]。つまり少ない見返りでも辛抱して待てる人ほど浪費行動が少なくなり、倹約して貯蓄をきちんとでき、計画的な経済行動をすることができるとされます。この時間割引率の個人差に及ぼす経済社会的要因の探求が、経済学でこれまでも数多くなされてきました。しかし近年、この行動の個人差に及ぼす遺伝子の特定を探ろうという動きが出てきました。そしてＤＲＤ４が候補遺伝子として報告されています[51]。

†遺伝子が近代経済学を覆す

経済学におけるこうした研究の動向は、行動遺伝学的には特に興味を引くことではありません。行動遺伝学の第１原則から、こうした時間割引率にも遺伝要因が関わっていることは当然と言えます。そしてその候補遺伝子探しでは、これまでにしばしば取り上げられたパーソナリティや認知能力に関わるとされるいくつかのありきたりな遺伝子について、おそらくポジティブな結果とネガティブな結果の報告が続くことになるでしょう。

興味深いのは、その経済学における理論的な意味のようです。経済行動と経済現象は、基本的に人間の作り出した意図的・計画的介入によって、その様態を変化させるというのが近代経済学の基本原則です。ところが、そこに遺伝子という人間が意図的に介入することのできない要因が入り込んでいることが明らかにされると、それは近代経済学の理論構成を根底から覆すことになるのです。

経済学で今日でも理論の支柱にあるのは「合理的経済人」の仮定、つまりヒトは経済活動において自己利益のみに従って行動する完全に合理的な存在という仮定です。経済学では選好の内在的個人差を重視しない経済理論が多く用いられています。これらの経済理論では、経済行動の基準は完全に個人の合理的な判断であり、仮にそこに個人差があるとしても、あくまでもその人の置かれた外的条件が異なるからであり、もしその条件が等しければいかなる人間も同じ合理的判断に基づいて同じ経済行動をする。つまり完全な環境決定論に立っています。

しかし実際の経済行動は、必ずしも合理的経済人の仮定どおりにはいきません。最近の行動経済学は、そこに人間の認知的、心理学的メカニズムを介在させて説明しようとしますが、そのメカニズム自体は依然として外的要因によって作り上げられることになっている（あるいはその由来を明確にしないままに所与のものとしてしまっている）ために、理論構成として合理的経済人の仮定を根本的に乗り越えることができません。ところがここに「遺伝」を持ち込むことにより、初めて環境要因とは独立したもう1つの自立したメカニズムを組み込むことができ、新たな、より現実に即した理論構成が可能になると期待されているのです。

†設計思想の限界を超えて

遺伝学が社会科学にもたらすインパクトはまさにここにあるようです。

現代の社会科学は、社会学であれ経済学であれ政治学であれ法学であれ教育学であれ、基本的には人間が意図的・計画的に設計して作り出した制度・システム・規則のもとに人が自由に生きているという前提に立っています。もしその結果不具合が生じたとしても、それはあくまでもその設計を見直すことで問題点を解決することができるという設計思想に基づいているのです。

ところがそこに人間の設計を超えた別のシステムが入り込むと、その思想が根底から崩れてしまいます。バートを葬ろうとした人たちに代表されるように、遺伝を嫌う人たちがもっとも恐れているのは、ここなのです。そして逆に遺伝要因に積極的関心を示す人は、社会科学の理論的閉塞を打破する起爆剤をそこに期待するのです。

遺伝要因に言及するだけで優生学者呼ばわりされてきた行動遺伝学者にしてみると、こんにちにわかに吹き始めた遺伝研究への追い風に、いささか戸惑いを覚えます。たしかに行動遺伝学研究の成果が積極的に評価されるようになりました。このことは喜ぶべき状況かもしれません。しかし求められているのは、「遺伝が関与している」という証拠だけでよいようなのです。行動遺伝学がこんにち取り組んでいる、多様な行動の関係をつなぐ遺伝要因と環境要因の間の複雑な相互作用とその時間的変化の解明にはたいして関心が払われず、その代わりに具体的な遺伝子の報告の方が歓迎される傾向があります。その方が双生児法による間接的な遺伝的影響の証拠よりもリアリティがあり、説得力があるからでしょう。しかし少なくともこんにちの研究の現状で、個別の遺伝子と具体的な行動との関連は、第3章で述べたように、オーケストラの1人の奏者から音楽全体の出来を語る以上に遠い関係です。

とはいえ、そうした問題点を秘めながらも、社会科学全般に巣食っている環境主義と設計思想そのものを考えなおすのはきわめて重要なことです。社会科学のこれらの前提が、生物としてのヒトの由来を考えたときに、実は自然に対してあまりにも傲慢《ごうまん》だったのです。ヒトはヒトが作り出したのではありません。ヒトは自然の産物であり、遺伝子の産物であり、社会も文化も、国家も制度も、遺伝子が生き残るための道具にすぎないのです。

これは決して「すべてを遺伝子に還元して説明しよう」というものではないことには注意をしていただきたいと思います。あらゆるシステムは、相互に連関し、それぞれのシステムごとの自律性というものがあります。分子や分子を構成するさらに小さな素粒子のレベル、遺伝子のレベル、一個体を作るさまざまな組織のレベル、個体のレベル、社会のレベル……。アーサー・ケストラーがホロン(52)と呼んだこうした階層の各レベルは、下位のシステムの制約を受けながら、個々の自律性を発揮しつつ上位のシステムに制約を与えます。どのシステムも完全なイニシアティブをとっているわけではないのです。ヒトという生命のシステムを考える場合、個人と社会のレベルに加えて、もうひとつ遺伝子のレベルを考慮する必要性がいま認識されつつあると言えるでしょう。

†経済ゲームの遺伝子——最後通牒ゲームと独裁者ゲーム

経済学者をはじめ、人間の社会的行動を研究する人たちが最近関心を示しているのが、

図5－2　最後通牒ゲーム
相手の出方によって取り分が変わる

最後通牒《つうちょう》ゲームや独裁者ゲームなどの、いわゆる経済ゲームです。

　たとえば、あなたは1万円のうち自分の好きな金額X円を相手に与えることを提案します。それに対して、相手はあなたの提案を受け入れるか拒否するかを選ぶことができます。このとき相手がそれを受け入れればあなたの利得は1万－X円、相手の利得はX円になります。しかし、もし相手が「そんなのはいやだ」と拒否したとき、2人とも1円ももらえない、これが最後通牒ゲームのルールです。

　合理的経済人として、ただ自分

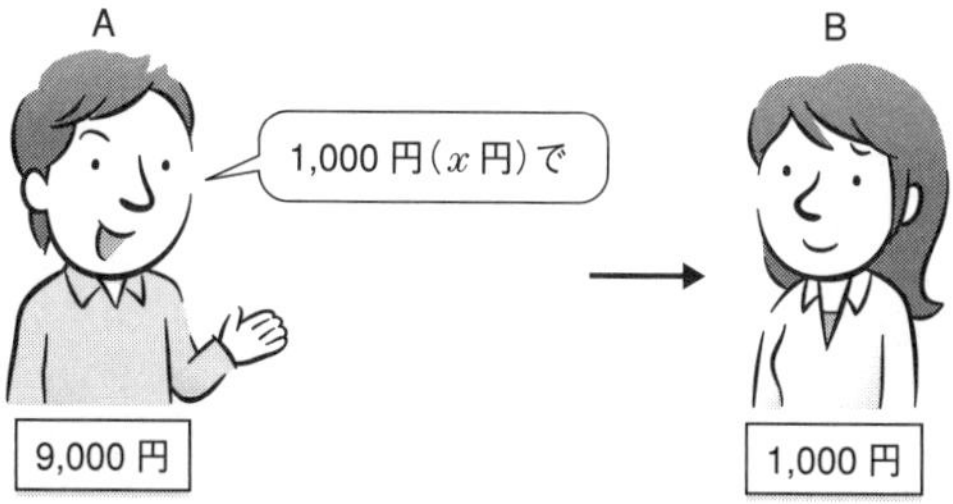

図5－3　独裁者ゲーム
自分の意思ですべてが決まる

が儲かることだけを考えれば、相手に一銭も与えないのが得策です。しかしこの完全に利己的な行動は、相手の反感を買い、拒絶されて、結局一文無しになる可能性があります。一方、完全な自己犠牲により相手にすべてを差し出すというやり方は、やはり自分自身のためになりません。すると0円でも1万円でもない、どこか中間の、相手にとっても自分にとっても納得できそうな額を設定することになります。一見、荒唐無稽で非現実的な設定のようにもみえるゲームですが、相手の出方によって自分の取り分が左右される状況で、利他性と利己性のそれぞれの要請をどのように折り合いをつけようとするかという、合理的経済人の仮定を超えた経済行動の基本的な課題が象徴的に表れています。

　この状況をもっと単純にしたのが独裁者ゲームです。あなたはやはり自分の1万円を相手に好きな額だけあげることができます。最後通牒ゲームと違い、相手が拒否しても、あなたはあなたが決めた分を差し引いた額を受け取ることができます。それだけです。相手の出方には一切依存せず、完全に自分の意思決定ですべてが決まるという意味で、純粋に個人レベルでの利己性と利他性の折り合いのつけ方を反映していると考えます。

もし自分の利益だけを考えれば、一銭も与えなくとも、だれもそれを拒絶できず、自分は損はしません。しかしこれを実際に実施してみると一銭も相手にあげないという方策を取る人はまれで、たいてい最後通牒ゲームで40％、独裁者ゲームで20％程度を相手に渡そうとすることが知られています。[53] そしてこの相手にいくら上げようとするかに個人差があるのです。

このような経済行動の個人差に関わる遺伝の影響も、最後通牒ゲームで40％[54]、独裁者ゲームで30％[55]程度、残りはすべて非共有環境で共有環境の影響なしという行動遺伝学の３原則に沿った結果が得られています。また遺伝子探しもはじまり、独裁者ゲームで相手に渡す額の個人差にＡＶＰＲ１ａという遺伝子の多型がかかわっているという報告があります。[56]

こうした研究は、経済行動を単に資本主義的な利潤追求行動、合理的経済人の利己的行動としてだけでなく、経済活動が本来目指すべき経世済民（世を経《おさ》め民を済《すく》う）、つまり利他性を実現する営みと折り合わせていく活動とみなし、そこに遺伝子という「内的要因」のモーメントをみいだそうとしていることに他ならないと思われます。この時、ただ単に関連遺伝子の存在をつきとめて終わりにしたつもりになるのではなく、実際、どのような条件のもとで遺伝子たちがどのような動きを環境との関係でしているのかを明らかにするふたごによる行動遺伝研究の意義は、いまあらためて見直されるべきだと、筆者は考えています。

†利己性と利他性のはざま

私たちのプロジェクトでは「公共財ゲーム」とよばれる、やや複雑な経済ゲームをふたごの人たちに行ってもらいました[57]。

このゲームでは、あなたはみず知らずの3人と1つのグループをつくり、自分に与えられた一定の金額のうち、好きなだけの額を、グループのために拠出します。それぞれが拠出した金額は、このゲームの総元締めが取りまとめ、その合計の額を2倍したものを4人に均等に分けます。そのとき、あなたはグループのために自分の持ち金のうちのいくらまでを拠出するかをみるというものです。

ここでもっとも利己的な合理人であれば、1円も拠出しないというストラテジー（戦略）をとることが「正解」です。もしあなた以外のすべてが同じような判断をし、そこであなただけがいくらかでも拠出するという「お人よし」な行動をしたとしたら、あなたには自分が拠出したぶんの2倍を4等分した額、つまり半分しか戻ってこず、結局は損をすることになるからです。逆にあなたは1円も拠出せず、他の3人のうちどこぞのお人よしが少しでも拠出してくれれば、そのぶん元金をふやすことができます。しかしここでも実際にこの実験をすると、多くの人はある程度の額を拠出する、つまり利他性をみせることが知られています。ここでどの程度拠出するかが、利他性と利己性の折り合い具合の指標となります。

私たちの研究では、ここであえて自分以外の3人が合わせていくら拠出したかが知らされるという状況設定をしてみました。つまり自分が属する社会が、どのくらい利他的（あるいは利己的）な社会かということについての知識があるという、これもある程度現実に即した実験場面を作り上げるためです。そして自分以外の3人の合計拠出額の程度の違いに応じて、自分の拠出額の遺伝と環境の割合を求めてみました。すると利他的な状況であるほど、遺伝による説明率が増えるという傾向がみいだされました。あまり周りの人が利己的だと、自分の遺伝的素質を発揮せず、自分の置かれた環境にしたがって行動してしまいがちですが、周りが利他的であれば、比較的自由に自分の遺伝的資質を表現できるのかもしれません。

結果の解釈はいささか難しいですが、ここで重要なことは、「遺伝の影響の表れ方は環境条件によって異なる」という遺伝と環境の交互作用が、ここでもみられたということ、つまり遺伝の表れというのは、環境と無関係なのではなく、環境条件に応じてその発現が調整されているということです。

収入に代表される経済的・社会的に重要なことがらが、人間の設計的・意図的なシステムとは異なる遺伝要因の影響を受けているというのは、多くの伝統的な社会科学者にとって不都合な真実でした。一方で、遺伝要因の発現が環境条件によって異なるというのは、伝統的な社会科学を打破しようとする新しい立場の人たちにとっては不都合な真実になるでしょう。しかし遺伝子のこうしたふるまいを「不都合」と考えるのは、それはそう考えたがる側の都合にすぎません。それでは遺伝子の「都合」とは何なのでしょうか。続く最終章では、著者の初心に帰って、特に教育の問題を中心に、教育と社会と個人の都合における遺伝子の真実というものについて考えてみたいと思います。

第６章

遺伝子と教育の真実

——いかに遺伝的才能を発見するか

ひとりひとり異なった遺伝子の組みあわせを持つことが、顔かたちや身体、健康上の事柄だけでなく、認知能力や性格、社会性をはじめとした心と行動にかかわるあらゆる側面の差異に関わり、私たちの人生をつくりあげる些細なことから大事なことまで、あまねくその個人差に影響を及ぼしている（行動遺伝学の第1原則）。このことを本書では双生児研究を中心とした行動遺伝学の知見から明らかにしてきました。

同時に、生命体として常に変化するその時々の環境に適応しなければなりませんので、遺伝子たちの発現である心と行動のあらゆる側面は、その遺伝子たちの発現できる形で環境に応じて変化します（行動遺伝学の第3原則）。これも行動遺伝学が明らかにしてきた科学的事実です。この科学的事実に対して、遺伝子が環境から享受されるべき自由を阻んでいると考えるのではなく、環境が遺伝子の求める自由を阻んでいるという考えを述べました。これは科学的事実ではなく、私の解釈です。

†科学的態度とはなにか？

20世紀前半のイギリスの哲学者ムーアは「事実命題から価値命題を引き出してはいけない」といいました。この約束事を破ることを自然主義的誤謬《ごびゅう》といいます。またさらにさかのぼって18世紀のイギリスの高名な哲学者ヒュームは「〝である〟（事実）から〝すべし〟（当為）へ移行することはできない」といいました。この約束事をヒュームのギロチンといいます。

科学的にものを考えるにあたって、このことは常に念頭に置かねばならないとされています。つまり遺伝の影響があることが事実として示されたからといって、だから遺伝の影響は重要だと考えたり、遺伝の影響を重視すべきだと主張してよいことにはなりません。遺伝に起因する格差や差別があることは自然なことであるから仕方がないと放置してよいことにもなりませんし、逆にかつての優生政策のように、犯罪者や精神病者やユダヤ人は遺伝的に望ましくない人なのだから抹殺することが正しい、あるいはある遺伝子は病気や犯罪など望ましくない結果を生み出すから抹消すべきだと考えてよいことにもなりません。

これは逆もまた真です。つまり価値命題から事実命題を、「すべし」から「である」を、勝手に導き出してもいけません。こちらはしばしば見落とされがちです。第1章で、ジェンセンの論文が黒人と白人との知能の間に遺伝的差異がある可能性をほのめかしたために、大きな批判を受けたことを紹介しました。人種間に知能の遺伝的差異があると発言することは、今やタブー視されており、認知能力に人種間の遺伝的差異はないことを前提にものを考えようとする科学者や識者たちが圧倒的に多いのが現状です。認知能力に遺伝的な人種差、あるいは男女や民族や地域、職業など、さまざまな集団の差に遺伝的な違いがあるかないかは、それを直接に証明するデータがほとんどありませんので、わかっていません。しかしながら人類史の長い時間の中で、異なる環境と文化に対する異なる適応の仕方をとってきたこれらの集団の間に、認知能力、行動特性、心のあり方に遺伝的差異があったとしても、それは驚くほどのことではないと言わねばならないでしょう。

にもかかわらず、こうした精神的な側面については、こんにち、「人種など集団間で遺伝的差異があってはならないから、それはない」という考えを主張している人、あるいはその考えを暗黙のうちに仮定して、それを倫理的に正しいと考えている人が少なくありません。たしかに、いまはこのような姿勢が倫理的・政治的に正しいと思われるかもしれません。しかしこれは、価値命題から事実命題を、「すべし」から「である」を導き出していることになり、やはり科学的態度とは言えないのです。科学的には「わからない」と保留することが正しい態度です。そして私自身は行動遺伝学者として個人的に、顔かたちにあれだけ遺伝的な差異がある以上、それが行動的・心理的特徴、能力的・精神的特徴にだけは影響がないと考える方に無理があり、集団差があっても不思議ではないと憶測してい

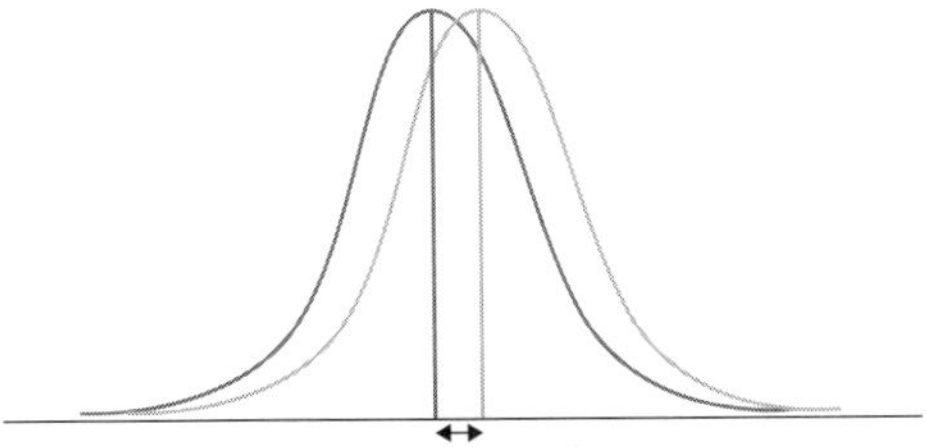

図表6－1　集団間の差よりも集団内のばらつきの方が大きい

ます。

ホモ・サピエンスは生物学的に単一種であり、生物学的に異なる性質をもった「人種」というものが実在するわけではないということは、きちんと認識しておく必要があります。人種をはじめいかなる集団間の遺伝的差異も、遺伝子型の頻度分布の差異からくる集団レベルでの統計的な差異（平均値や分布の形のちがい）、つまり「程度の差」です。そして身長や体重、運動能力や学力など、仮に集団間に平均値の差があったとしても、ほとんどの場合、それ以上に同じ集団間の個人差の方が大きいということもよく知られています（図表6－1）。重要なのはその人がどの集団の人間かということではなく、その人自身がどんな人かということであるという認識は、個人差を考えるうえで常に忘れてはならないことです。

†遺伝子の民族差はあるか？

とはいえ、きわめて社会性の高い動物であるヒトにとって、集団レベルでの統計的特徴は、直接・間接に社会的になんらかの意味ある特徴として顕在化する可能性があります。

皮膚の色や顔かたちの特徴など、明確に目でみてわかる遺伝的特徴は、しばしば歴史的に社会問題の種となってきました。仮に外見上まったく違いはなくとも、外向的な人たちがたくさんいる集団と、内向的な人たちがたくさんいる集団とでは、あるいは攻撃性の高い人たちの多い集団と少ない集団とでは、集団レベルで作り上げられる雰囲気や文化に差が出てきてもおかしくありません。

実際、新奇性追求をはじめとするさまざまな行動傾向との関わりが報告されるドーパミン受容体のエクソンⅢと呼ばれる部位の塩基配列の繰り返し数で、新奇性追求を高くするという7回の繰り返し数が、アメリカ人に比して日本人にはほとんどみられないといった民族差があることが知られています。また不安などとの関係が指摘されるセロトニン・トランスポータの遺伝的多型では、l型とs型の2種類のうち、不安を高める傾向に働くとされるs型の占める割合が、欧米よりも東洋の方が大きいことも知られています。

たとえば社会心理学者のチャオらはこのセロトニン・トランスポータの遺伝子多型の1型とs型の占める割合の違いが、その国がどの程度「個人主義的」な文化か「集団主義的」な文化かとかなり強く関連すると報告しました[58]。図表6－2をみるとわかるように、s型の占める割合が70～80％と最も高いところに位置する韓国、台湾、中国、シンガポールは、同時に集団主義的傾向が最も高いのに対して、アメリカ、イギリス、オーストラリアなどs型が40％程度の国々では個人主義的傾向が一番高いところに位置しており、メキシコ、ブラジル、アルゼンチン、トルコ、インドなどs型が50～60％の国々では両者の中間に位置しています（日本は韓国などと同じ遺伝子の割合ですが、集団主義度では中間あたりに位置します）。そしてここに挙げられた29カ国全体のs型の割合と、個人主義－集団主義尺度との相関は0・70とかなり高い値になります。

さらにチャオらは集団主義的傾向が高い国ほどうつ病の出現率や不安傾向が高いことに着目しており、文化と遺伝子が引き起こす精神疾患との間に共進化があったと考えています。つまり遺伝的に不安傾向が高いのを緩和するために集団主義的な文化が形成された、あるいは集団主義的な文化の中では不安傾向を遺伝的に高めて社会的行動をある程度抑制しておいたほうが適応しやすかった、あるいはその両方がお互いに影響を及ぼし合ってい

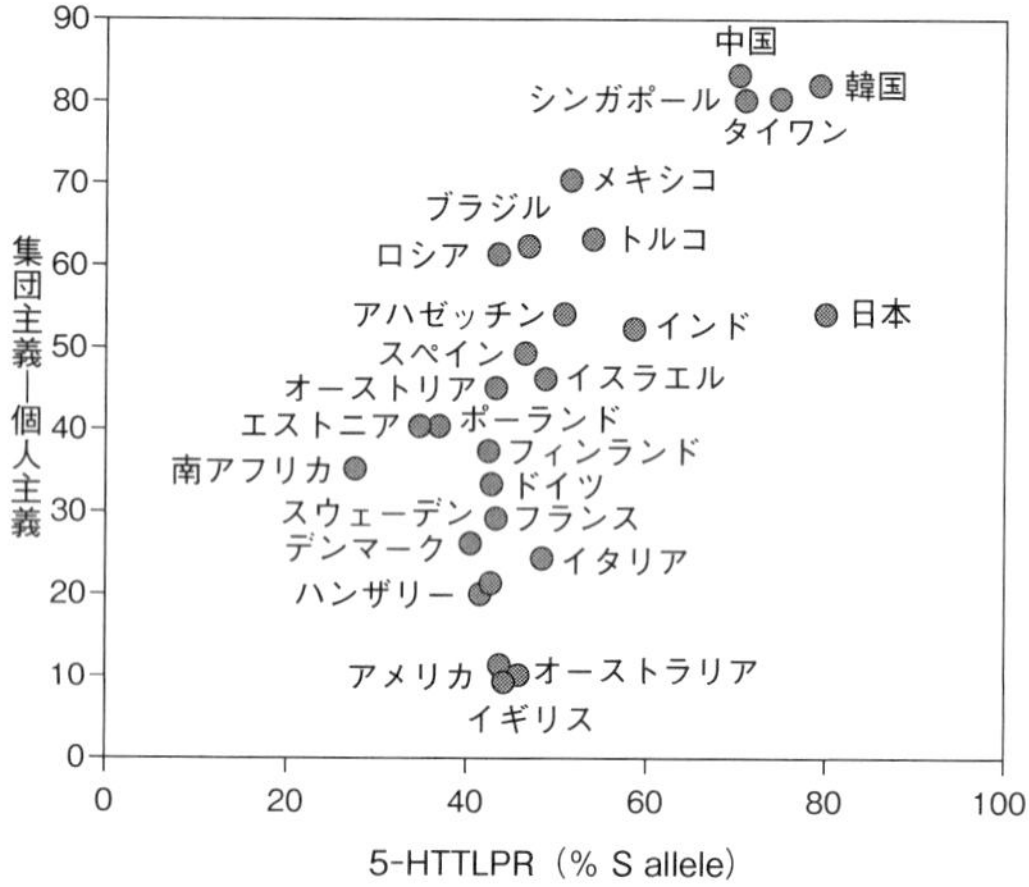

図６－２　国ごとにみたセロトニン・トランスポータの遺伝子多型と個人主義との関係

たかもしれないということです。

もちろんこれだけの証拠なら東洋と西洋に差のあるあらゆる現象がこの遺伝子で説明できることになり、食事に箸を使うかナイフ・フォークを使うかもこの遺伝子で決まるといってかまわないことにすらなりますので、ただちにセロトニン・トランスポータの遺伝子1つで文化が決まるととらえてしまっては大きな誤りです。

しかしさまざまな遺伝子たちの民族差が、それぞれの社会的・文化的条件の差と関係がある可能性が否定されるわけではありません。そして近年それを支持するような研究が報告されるようになってきました。(59)もしそのようなことがあるとすれば、これは優劣の問題ではなく適応方略の質的な差であり、文化と遺伝子が人類史のなかでお互いに影響を及ぼしながら共進化してきたと考えられます。こうしたことが、もともと集団内で遺伝の影響が大きいIQとして表現される認知能力、あるいは情報処理スタイルに関わる遺伝子群で生じている可能性もないとはいえないと考えられます。

†本当の優生思想はどこにあるか?

私のこの発言を聞いて、私に遺伝差別論者とレッテルを貼る人もいることでしょう。そしてこのようなことを平然と論ずる私のことを、軽率で不穏当だと受けとめるかもしれません。しかし考えてみてください。実は、そのような発想こそが、事実上の人種差別や集団間格差を容認し、助長していることに気がつかねばなりません。なぜなら、「もし知能に遺伝的人種差があることがわかると差別に結びつくから、遺伝的差異はないことにしなければならない」と主張する人は、「実際に遺伝的差異があったら、自分はそれを理由に差別する」という優生的態度に潜在的にとどまっているからです。そしてその主張に固執するかぎり、問題の本質は解決されず、事実上の優生社会、差別社会が温存されつづけてしまうのです。

もし将来的に人種その他の集団間に認知能力をはじめ、私たちの価値観に重要な位置を占める心理的・行動的形質に遺伝的差異が実際にみいだされてしまったとき、私たちは倫理的に対処する術を失います。むしろいかなる心理的、行動的形質に集団間の遺伝的差異があったとしても、それが特定の集団の人たちの尊厳を脅かしたり社会的差別の正当化に結びつかないような考え方と社会制度の構築が必要なのです。少なくともこの議論をタブー視し、価値命題にとっておさまりのよい事実命題を勝手に導き出して安穏としてはいられないのです。

†遺伝と自由競争を考える

あなた自身を作る遺伝子たちがどういうものか、そこがあなたの生物学的存在の出発点ですから、それ自体を自己選択、自己決定することはできません。それどころか、あなたを産んでくれた両親ですら、あなたの遺伝的条件を原則的には自由意志で選択したわけではありません。ここが『ガタカ』の世界とは異なる点です（ここで出生前診断やデザイナーベビー、遺伝的エンハンスメントの問題へと展開すれば、出生の条件を自由意志で決定することの問題まで問われることになりますが、本書の範囲を超えるので、ここでは触れないことにしましょう）。

ある社会的に重要な能力やパーソナリティの側面に対する遺伝の影響が20〜30％の場合と60〜70％の場合とで、それぞれ自由競争の正当化はどのように考えられるでしょうか。共有環境の影響がある場合とない場合とで、どう違うでしょうか。さらに遺伝と環境の交互作用があって、遺伝と環境の影響の仕方そのものが異なるとしたら、機会の平等や結果の平等についてどう考えればいいのでしょうか。こうした問題は、これまで取り上げられることもありませんでした。しかし行動遺伝学の知見をふまえると、こうしたこともきちんと議論しなければならなくなるでしょう。

たとえば遺伝の影響が60％（環境の影響が40％）の場合と遺伝の影響が20％（環境の影響が80％）では、環境を変化させたときの行動の変化量が2倍違うことを意味します。遺伝の影響が60％のとき、人は環境に合わせるために自分を変化させねばならない状況におかれたときに、20％のときと比べて2倍の環境の改善をしなければならないことを意味します。それが具体的にどのような教育環境の変化によって成し遂げられるのかの研究がなされ、それをだれのためにすることがよいことなのかを考えねばなりません。

また同じ環境の影響が60%だったとしても、それが偶然によって違う状況や場面によってすら異なるような非共有環境だった場合は、それを計画的に変化させるのは難しいですが、共有環境と非共有環境が30%ずつだった場合では、少なくとも共有環境の30%に関わる社会的ルールを発見し、それを身につけさせることで変化させられるかもしれません。

第4章で紹介したように、知能の個人差は社会階層の高い方では遺伝の影響が大きく、低い方では共有環境の影響が大きいという遺伝と環境の交互作用がある場合は、社会全体の知的レベルを上げるために、階層の低い人たちの中でも特に知的環境の恵まれていない家庭に重点を置いた教育環境の改善を優先するのがよいかもしれません。もちろんこれらは「知能が高い方がいい」という一般的な価値観のもとでの話ですが、この価値観そのものが逆にこうした知見から問いなおされることがあるかもしれません。

†自由競争と能力主義の罠

西欧でも日本でも、近代以前は家柄で社会的地位が決まるのがふつうでした。それではどれだけ能力があっても一生境遇は変わらないことになります。

そこでそれを打ち破るために考え出された思想が、人間はその能力と達成した業績に応じて報酬や社会的地位が与えられるべきだというメリトクラシー（能力主義）の考え方でした。この考え方のもとには、万人の生まれついてもつ能力は本来平等であり、そのもとで機会が均等に与えられる限り、自由競争は正当化されるという考えがありました。この思想を信じる限り、社会的に有利な人はその有利さを何も恥ずることなく享受できます。また社会的に恵まれていない人に対して優越感を持つことすら許されるかもしれません。また社会的に恵まれていない人も、心がけや社会的条件を改善することによって、その気になればいつでも上昇することができるという希望を持ち続けることができます。

しかし潜在的能力には遺伝的な差異があること、しかもそれが決して無視できる小さいものではなさそうだということを行動遺伝学は残念ながら示してしまいました。あなたが学校で成績が良いこと、その良い成績をとるために勉強の仕方を上手に工夫したり徹夜して努力できたこと、学校生活になじめたこと、興味のあることをみつけられたこと、他の生徒よりも先生からの評価が高かったこと、そうしたこともすべてあなたの遺伝要因と無関係ではありません。一方で、同じ教室で同じ先生の話を聞いても呑み込みの悪い人、勉強にやる気のない人、先生や友達からのウケの悪い人、「良くない」友人との付き合いに溺れていった人がいました。それはその人の心がけのせいもありますが、そうならざるを得なかった遺伝的理由があったかもしれないのです。

こうなると自由競争や能力主義を正当化する理由を再検討しなければならなくなるのではないでしょうか。初めから持っているパイが違い、しかもそれは初めだけでなく、人生のあらゆる局面で、それぞれ予期せぬ形で内側から適応条件の差異を作り出しているからです。それでも自由競争をよしとすれば、優生社会を手放しで容認することになるのではないでしょうか。これが遺伝子の時代に私たちに突きつけられる社会的、倫理的、政治的問題になるのです。

†自由と平等をどう考えるか？

この問題が、私たちの社会における自由と平等をどのように考えるかという大問題に直結することは容易に気づくことでしょう。

「ハーバード白熱教室」で話題となったマイケル・サンデルの授業をご存知の方は、「正義」をめぐる論争に、歴史的にさまざまな立場があり、緻密で専門的な議論がなされていたことを思い出されるかもしれません。ここで直接その議論に踏み込むことは、本書の範囲を超えることになりますし、私にも力不足です。ここでは、本書のテーマがそうした社会的、政治的、倫理的な重要な問題を考えるときの前提にかかわることに気づいていただくところにたどり着いたところで、ひとまず目的を達成したことにしなければなりません。このような問いに対するだれもが納得のできる答えはまだだれも出してくれていません。読者の皆さんが、そしていずれは社会全体で、個々の問題に即して考えねばならないことになるでしょう。

しかしサンデルの議論の中でも紹介されていた政治哲学者のジョン・ロールズの格差原理の議論や、経済学者アマルティア・センの潜在能力の議論は、この問題を考える重要な出発点を与えてくれます。特にロールズは自然本性的な生まれつきの才能（や資産）の差による不平等は偶然の産物にすぎないから正当とはいえず、矯正されなければならないと主張しました。その『正義論』[60]のなかで、

> 生まれつき恵まれた立場におかれた人びとは誰であれ、運悪く力負けした人びととの状況を改善するという条件に基づいてのみ、自分たちの幸運から利得を得ることが許される。有利な立場に生まれ落ちた人びとは、たんに生来の才能がより優れていたというだけで、利益を得ることがあってはならない。利益を得ることができるのは、自分

たちの訓練・教育にかかる費用を支払うためだけであり、またより不運な人びとを分け隔てなく支援するかたちで自分の賦存《ふぞん》を使用するためだけである。

と、遺伝的個人差をふまえた平等を明確に述べて議論しようとしています。ここではこの言明を手掛かりにして、教育についていまどのように考えているかの試論（私論）を論じてみましょう。

生物にみる互恵的利他性

ロールズ自身も指摘していますが、彼のこのような考え方は「互恵性《ごけい》（助け合い）」の1つの形を表現しています。つまり、この本の文脈でいえば「遺伝的に優れた人は遺伝的に恵まれない人を助けなさい」ということになります。はたしてそんなきれいごとが実現できるのでしょうか。

遺伝子の不都合な真実が隠ぺいされているこんにち、遺伝的に優れている人でも遺伝的に優れているとは考えず、自らの努力によって自分の有能性を勝ち得たと考え、その恩恵を享受する権利はもっぱら自分自身にあると思ってよいことになっています。「わたしががんばって勝ち得た地位だ、苦労して稼いだ金だ、どうして自分より努力をしない劣った人間のためにそれを使わなければならないのだ」。実際、社会階層の高い大学生ほど、平等に分けるよりも努力にみあった取り分をもらうことを正当と考える傾向にあるという研究もあります[61]。

ところが「遺伝的に優れた人は遺伝的に恵まれない人を助けねばならない」という当為（すべし）が、実は事実（である）としてすでにある程度実現していることにお気づきでしょうか。それは人間が善意や道徳や倫理に訴えて感情的、意図的にそう感じ考えてふるまわなくとも、生物学的、自然本性的にそのようにふるまってしまっているのです。互恵性、あるいは互恵的利他性が、進化の過程で社会的動物が獲得してきた適応的方略であることを証明したのは進化生物学者のトリヴァース[62]でした。

生物は基本的には遺伝子の乗り物であり、遺伝子が自らを生き延びさせるためのさまざまな工夫をしています。花びらが美しいのは、遺伝子を昆虫に運ばせて花粉を受精させるためです。ですから遺伝子は基本的には利己的ですし、その影響をうけた個体も基本的には利己的にふるまい、その結果、自分のことは自分でまかないます。ところが進化の過程で、その利己性を実現するために利他的行動を示すようになりました。まずは血縁のある他個体を、当面自分が犠牲になりながらも助けるという行動が、ヒト以外の動物にもみいだされます。哺乳動物の親が子どもに乳をあたえるのはその典型ですし、働きアリや働きバチが自ら子どもを持たず女王のために働くのも、その方が遺伝子を残す確率を高めるためです。

利他性が進化的適応方略としてとても有効であったからでしょう。直接の血縁でない場合でも、群れを成して生活する動物たちの間にそれが生ずるようになりました。チスイコウモリの群れの中で血を吸えなかった個体に、血を十分吸った個体が血を分け与える行動をすることが知られています。彼らはちゃんと個体識別していて、助けられた個体は他個体に返礼をし、もしそれをしないと仲間からみはなされるそうです。つまりお互いに利他的であろうとする。これを互恵的利他性と言います。

†ヒトもまた利他的にふるまう生物である

この互恵的利他性はヒトにおいてもっとも顕著にあらわれ、もはや一個体だけでは生き延びることができず、自分がいかに利己的であろうとしても、行動上は利他的にふるまわなければ生き延びることができない動物になってしまいました。

第4章でもふれましたが、現代社会では、生きるためには「仕事」をしなければなりません。世のあらゆる「仕事」はなんらかの形で他者のためになることによって成り立っています。それによって収入を得て生きていくわけです。私たちの文化を形作っているあらゆること——経済産業システム、法律や警察や医療の制度、そして芸能・芸術・スポーツや教育までも——は、この互恵的利他性を実現する手段として生まれたものであることにお気づきになるでしょう。こうしてヒトという動物は生き延びているのです。

こうした社会システムの中で、「遺伝的に優れた人」は、それぞれに自分にみあった仕事につくことで生き延びていきます。そして「遺伝的に劣った人」が生き延びられるのも、その人なりの仕事をして他者のためになることをするからであり、同時に「遺伝的に優れた人」が仕事を通じて生み出したものに助けられて生きています。

イチローは野球に関して「遺伝的に優れている人」（その野球への強い思いや、費やした想像を絶する訓練と努力も含めて）であるとだれもが認めるでしょう。彼が大リーグで活躍する姿は、多くの、野球にかけては「遺伝的に劣った」人たちの心を動かし、いろいろな意味でその人たちの生きる糧《かて》になっています。そしてその恩恵に対して、彼らはイチローのために自ら稼いだお金のなにがしかを、敬意と称賛とともに費やしています。そうすることで、イチローもまた野球選手として生きていくことができているのです。

†遺伝的優劣は一側面にすぎない

ここでロールズの原理は、すでに事実として成り立っているといえないでしょうか。ただし、ロールズの表現に違和感を覚えるのは「生まれつき恵まれた立場におかれた（＝遺伝的に優れた）人びと」、あるいは「不運な（＝遺伝的に劣った）人」というのが、「人」の属性として語られるということです。

たしかにイチローの例は、遺伝的な優秀人をわかりやすく描いているかのようですが、イチローは、自分が野球に費やしたために自ら発揮されなかった生きるためのたくさんの能力、たとえばバットやユニフォームを作ること、野球スタジアムをつくること、野球スタジアムにイチローをみに来る人たちのためのトイレを掃除すること、そのほか彼と彼を支える人々が日々食べるもの、着るもの、その他もろもろの生活に関わるあらゆることについて、他の別の才能ある人々の仕事とその能力に助けられています。イチローは野球に関して遺伝的に優れた人ですが、他の点については能力を発揮していません。ひょっとしたら遺伝的に劣っているところがあるかもしれません。すると「遺伝的に優れている」

「劣っている」とは、「人」がもつ普遍的属性ではなく、１人の人の中の特定の「側面」「部分」「次元」であるように思われます。

その目で世の中を見渡してみると、ありとあらゆる社会的・経済的営みの中に、このように「ある人の遺伝的に優れた部分が、その部分で遺伝的に恵まれない人のその部分を助けている」という関係がなんらかの形で成り立っていることに思い至ります。公共のトイレをきれいに保つために、どれだけの人のどれだけの才能が必要とされているか想像してみましょう。なぜ異臭を放ったままの不潔極まりないトイレと、いつ入ってもきれいで気持ちの良いトイレの違いがあるのでしょうか。そこには掃除をしてくれる人の知識や技能や態度や心遣いのちがい、その人たちをマネージする人の知恵や工夫のちがい、さらに便器を設計し商業ベースに乗せた多数の無名の人たちのふるまい方のちがいなどがかかわり、すべて互恵的に機能した結果として生じているのです。なかなかそうとは意識できないにもかかわらず。

そうです。この互恵的利他性の原理はなかなか意識に上ってこないのです。その理由は、それが進化的な「究極要因」に関わることだからだと思われます。

動物行動学者ティンバーゲンは、生命現象がある機能を持つことの理由として、進化のレベルでどのように適応だったかを説明するものが「究極要因」、その機能が実際に働くときの生理的、心理的メカニズムなどを「至近要因」と区別しました。このうち至近要因は意識に上りやすいのですが、究極要因それ自体はなかなか意識に上りません。

男女の間に愛が芽生える究極要因は「遺伝子を残すため」ですが、おそらくだれも「遺伝子のために」と思って恋愛などはしないでしょう。意識するのは「好きだから」「ずっといっしょにいたいから」「セックスの快感を得たいから」などの至近要因です。人が現代社会の中で「仕事」につくことによって機能する互恵的利他性も、究極要因として生き延びて遺伝子を残すためですが、至近要因としては「食いっぱぐれたくない」「いい生活がしたい」「この仕事をしてみたい」「人から注目されたい」「自己実現したい」など、多くは利己的な形で意識に表れ、「他者のために自分をささげたい」とは（少なくとも若いうちは）なかなか自発的には思いません。

そして意識に上るレベルでしか、私たちは人生の価値を感じ、生きるストーリーを思い描くことができないのです。大リーグで活躍する野球選手はあこがれの的となり、イチローのようになりたいと努力をしようと多くの少年たちが考えますが、同じように野球スタジアムのトイレ掃除の仕事にあこがれを持ち、優れたトイレ清掃員になろうと子どものころから志して努力しようとは、おそらくほとんどの人が思えないでしょう。それはそういうストーリーを思い描けない文化社会に生きているからです。

†なぜ不公平が蔓延しているのか？

「遺伝的に優れた人が遺伝的に恵まれない人を助けている」あるいは「ある人の遺伝的に優れた部分が、その部分で遺伝的に恵まれない人を助けている」から人の世の中は不平等ではないなどと楽観できない理由の1つはここにあります。

イチローのような仕事とトイレ清掃の仕事とでは、みための魅力という主観的・感情的側面にも、収入という客観的側面にも雲泥の差がある社会に、たまたま私たちは生きています。人が生きているかぎり、遺伝的な条件の差異から生じた能力の差が、その時代社会のさまざまな社会的、経済的、心理的条件の中で、さまざまな偶然と必然の経験の連鎖を経ながら、それぞれの仕事を通じて互いに互いを補い合っています。

だれでも野球をし、トイレ掃除をする潜在能力は持ち合わせているでしょう。しかしアメリカ大リーグで10年連続200安打を達成するような、多くの人々をわくわくさせるようなことをするには、たくさんの特別な遺伝的才能がそろっていることが必要とされます。

そして同じように、安い賃金でも誇りと喜びをみつけながら毎日毎日トイレをきれいに清潔に保つ仕事をするにも高度な遺伝的才能が求められます。いずれも生物学的にはだれもがもてるものではない稀有な才能なはずですが、いまの世の中では圧倒的に前者の方が「恵まれた」とみなされるのです。

かくして本来、世の中の様々なところに「ある部分についてそれぞれ遺伝的に優れた人が、それについて劣っている人を助けあう」互恵的関係が目の前に実現しているにもかかわらず、理不尽な不平等がこの世の中に蔓延しているのではないかと思われます。こうなってしまったのには、さまざまな歴史的社会的、心理的、政治経済的理由が交錯していますす。また世の中で本当に役に立つ仕事を創発して成功する企業、それまでだれもしなかった仕事を成し遂げて人々を感動させてくれる人は、それまで意識されていなかった互恵的関係に気づき、顕在化することによって、それを成し遂げているように思われます。古来、宗教が「縁《えん》」とか「愛」などという概念を通して共同体に共有させようとするのも、行動レベルでは事実上そのとおりにふるまわざるを得ないのに、意識レベルでは多くの人がそれに気づかなかった互恵的利他性を、コトバを通じて無理やり意識させようとした営みではないかと考えられます。

†「学習欲」という生存本能

ここで重要なのは、イチローの遺伝的才能が発揮されるのにも、野球スタジアムのトイレを清潔に保つために関わっている多くの人々の遺伝的才能が発揮されるのにも、人間が長い文化の中で創造し蓄積してきた「知識」が使われているということです。この「知識」それ自体は遺伝的に持ち合わせたものではないものがほとんどです。それはそれぞれ生まれ落ちた環境の中で、学習によって身につけねばなりません。それが第4章で述べた環境のもつ学習誘発機能です。

それはおそらく人に限ったことではないでしょう。よく、生きるための「三欲」などといいます。「食欲」「性欲」までは必ずあがりますが、三欲めは諸説あり、「睡眠欲」「排泄欲」「物欲」などがあげられます。しかしもしあげるとすれば、それは確実に「学習欲」です。いかなる動物も、自分が生まれ落ち適応しなければならない環境条件に自分の遺伝子たちの発現である行動をカスタマイズするために、必要な情報を収集し、それに合わせて自分の行動を適宜調整させ、そのあといつでも使えるように記憶し保存しておきます。それが「知識」です。

いかなる動物も自分の遺伝子たちをより生き延びやすくするような知識をそれぞれに「学習」し、生存確率を高めているのです。だからこそ「学習欲」は生きるための三欲の1つとして、食欲、性欲と並ぶものだと思うのです。

いまどんなに学習欲がないと思っている人でも、どこかでかならず何か生きるために必要なことを学んでいます。そうしていなければ、あなたは今ここに生きていることはできません。そしてときどきムラムラと何かを知りたくなる時があります。これらは食欲や性欲とほとんど同じ働きをしていることに気がつくのではないでしょうか。

多くの動物は利己的な形式として、個体学習をします。他者に依存しないで、試行錯誤や洞察などその動物の脳神経系の形式に応じた知能を用いて、環境と相互作用するなかで1人で知識を獲得するのです。群れを成して社会生活する動物になると、他の個体といっしょに活動をするなかで社会学習をするようになります。ライオンやオオカミたちが餌を取るための狩りの仕方（手続き的知識）を学ぶのは「社会学習」です。

社会学習は大きく「状況学習」と「模倣学習」の2種類に分けることができます。状況学習とは社会的な状況の中で個体たちが一緒に行動するなかでおのずと学ぶこと、模倣学習とは他個体の行動を真似して学ぶことです。ライオンやオオカミの狩りの技能は、他個体を真似ようとして学んだのではなく、同じ状況を共有するなかで個体がおのずと学んでいるので状況学習としての社会学習です。一方チンパンジーが木の実を石でたたき割るという手続き的知識は、きょうだいや大人がすでにやっているのを真似するので模倣学習になります。もちろん模倣学習が生じる場面では、状況学習も、また個体学習も起こっているでしょう。

状況学習と模倣学習による社会学習、そして個体学習。ここまでは進化の過程の中で人間以外の動物も行っている学習のあり方です。そして人間もまた動物の一種として、これらの諸様式で学習を行います。特に人間の場合、基本的には遺伝的にひとりひとりの組成の違いが、ひとりひとり異なった個体学習を導き、また社会学習でもひとりひとり独自の知識を習得していると考えられます。だから行動遺伝学の第1原則であらわされるように、学習されたことのすべてに遺伝の影響があらわれるのです。

†人間の「教育による学習」の特異さ

しかしさらに人間において特殊なのが、学習される知識の多くが、直接の自然環境についてよりも、むしろ人類がすでに創造し蓄積してきた文化的な知識であること、そしてそれらを「教育による学習」という互恵的・利他的な様式によって学習するという点です。とくに人間の「教育による学習」がいかに特異かは、人間に進化的・生物学的にもっとも近いチンパンジーと比較することではっきりと理解されます。

チンパンジーの知能は非常に高いことがわかってきています。京都大学霊長類研究所の有名なアイとアユムの母息子は、コンピュータ画面にランダムに映し出された数字の位置を一瞬にして覚え、それらが1秒もしないうちに消えても正確にその位置を小さい方から順に触ることができますが、これを息子のアユムは母親のアイがしているのをみて、それを模倣学習によって学びました。道具を使って食べ物をとるやり方も親子で伝わっていますが、これも模倣学習によります。その賢さは、ほとんどヒトと同じくらいではないか、あるいは場合によってはヒト以上ではないかと思わされるほどです。

ところが興味深いことに、チンパンジーは子どもが目の前で自分と同じことを真似しようとしているにもかかわらず、大人は子どもに一切それを「教える」ということをしません。ヒトならばそこでやり方の手本をみせようとしたり、説明を試みたり、うまくいったらほめ、うまくいかなかったら注意するなどしそうなところを、ただひたすら自分のことに夢中で、なんの働きかけもしないのです。彼らには「教育」がないのです。

この点こそがヒトとヒト以外の霊長類の学習の仕方の根本的な違いだと思われます。ヒトは教育のできる動物、チンパンジーはそれができない動物なのです。親から子への模倣による知識伝達を、「教えない教育」「背中で教える教育」ということがありますが、厳密に言えばこれは教育ではありません。つまりすでにあることができる個体が、それを「教える」ための特別な行動を、できない個体の学習のためにわざわざしてやり、それによって学ぶというやりとり、いわゆる教示行動がないのです。

「教育」の最も基本的な科学的な定義はここにあります。つまり、①できる個体ができない個体がいるときにふだん1人ではやらない特別な行動（つまり教示行動）をする、②できる個体にとって教示行動をすることが直接自分にとっての利益にはならない（わざわざコストをかけてしてやっている）、③それによってできない個体ができるようになる、という3つの条件が成り立っているとき、それを「積極的教示行動」と呼びます（この本ではあえて「積極的教示行動」と「教育」というコトバを区別せずに用います）。

これは1992年に動物行動学者のカロとハウザーの2人が提唱した有名な定義[63]なのですが、この定義を使うと、それまで教育があるかのように思われていたチンパンジーの道具使用やトリの鳴き声の学習などは、いずれもこの定義を満たさないことがわかりました。

すでにできる個体が自分自身のためにしていることを他の個体がみたり聞いたりしながら、それを一緒にしたり（状況学習）、真似したり（模倣学習）することによって、あたかも知識が伝達しているかのようにみえたにすぎなかったのです[64]。

ところがヒトは積極的教示による学習を当たり前のようにしています。学校での先生と生徒の関係はもちろん、うんちの仕方やパジャマの着替え方を教える親と子、ゲームの遊び方を伝え合う友達どうし、みなカロとハウザーの定義に従っていることがわかるでしょう。それればかりではありません。「駅↓」「水族館はこちら」などと書かれた道路標識、新しく買ってきた電化製品についている取扱説明書、町のあちこちでみられるお店や商品の宣伝、人間どうしのたわいもない噂話、書店にならぶ数々の書籍、テレビやラジオなどのメディア、芸能や芸術活動、そしてインターネットに飛び交う膨大な文字・画像・音声情報……。それらはすべてこの定義に従う「教育」に相当します。いま私がこうして本を書いているのも、まだみぬ読者であるあなたがそこにいてくださるからであり（条件①）、研究のために使えるはずの私の膨大な時間と体力と知力を費やす（条件②）ことで、こうして行動遺伝学の知識があなたにつたわっている（条件③）のです。

「教育」というと、学校でいい成績をとろう／とらせよう、いい学校に進学しよう／させようという営みがすぐに頭に思い浮かんできてしまいがちですが、動物まで含めたより普遍的な定義に照らすと、身の回りには学校以外にも「教育による学習」を誘発する環境に満ち満ちていることに気づきます。私がヒトのことを「教育的動物（*Homo educans*）」[65]と呼ぶゆえんです。これもヒトの互恵的利他性という性質が「文化的知識」の学習という側面で究極要因として働いているのです。学校制度は、この適応方略をさまざまな至近的目的のために強力に発揮するべく、意図的、計画的、目的的に組織化した歴史的・文化的発明物です。

†教育独自のストーリーが不平等を生む

ところが、このように究極要因として生きるために不可欠の知識を学習する方略として獲得した教育による学習が、至近要因としては「迷わず駅や水族館に来てほしい／行きたい」「商品を買ってもらいたい／欲しい商品をみつけたい」「お客をたくさん呼びたい／よいサービスを受けたい」「人に自慢したい／自慢できる魅力的なことを自分もしてみたい」など、教える側も教わる側も利己的な目的や理由によって意識され、なされます。学校教育でも「できるようになりたい」「いい成績をとりたい」「いい大学に入りたい」という意識でなされます。
教育による学習という学習様式が、ヒトにおいて進化的に重要な適応方略として獲得された究極要因は、もともと互恵的利他性を発揮し、遺伝的な優劣を互いに補い合って、1人では学べない複雑な文化的知識を、それぞれが使って互いに生き延びるためであったはずです。教える能力と教わる能力が、言葉を話す能力と同じように、だれもが、特別の訓練を受けることなく、小さいときから自然と身につく[66]のもそのためでしょう。とりわけ高度情報化されたこんにちの社会は、単に学校制度によるだけでなく、社会環境のいたるところで、「教育」という言葉が用いられていなくとも「教育による学習」が成り立っているのです。

ところがさまざまな至近要因が、それぞれの文化的文脈に引きずられて、さまざまな「教育」独自のストーリーを生みだし、不平等や不自由の原因となっています。

†一般知能という不平等を生む装置

第5章でとりあげた収入と教育と知能については、きわめて不愉快な遺伝的な関係がみいだされていました。収入を遺伝子で説明する割合は研究によって異なりますが、2割から4割あったことを思い出してください。このうちのある程度が教育年数と関連し、そのまたある程度が知能と関連し、それぞれが遺伝的な差異をある程度反映しています。つまり遺伝的に知能の高い人が高い学歴を得やすく、また遺伝的に高い学歴を得やすい人が高い収入を得やすいという構造が、この世の中にはある程度、あるということになります。

これまでも、頭のいい人がいい大学に行って社会的に有利になることはある程度当然と考えられていました。そしておそらくその原因に遺伝要因が関わっているという事実も、昔ならば「あの子は生まれつき賢い子だから……」とあまり目くじら立てることなく受け入れられていたと思われます。大学に行く人は限られていましたし、知的エリートとしていずれはしかるべき仕事について、庶民にはわからない難しい仕事をしたり、庶民のために働いてくれることが期待されたからです。遺伝的に優れた人が遺伝的に劣った人を助けて（あるいは邪魔をしないで）くれる仕組みがあり、そこでの不平等があからさまに多くの人の不公平感にはつながらなかったといえます。

しかし高等教育が大衆化し、だれもが大学進学を人生の選択肢として射程に入れるようになると、成績の自由競争が広まるようになりました。そして能力の遺伝は必ずしもあからさまにはされないようになってきました。それどころかむしろ逆に、勉強するかしないか、どの大学を選ぶかはあくまでも自由意志の問題であり、努力や価値観や運や家庭環境などを、それ自体には遺伝要因が絶対に関与してはならない不可侵の聖域と考えるようにすらなってきました。そしてだれでもなんでも同じように学ぶことのできる潜在能力を持つことが仮定され、だれもが同じように同じことを一斉に（特に日本では学年制を敷いて同じペースで）学習するように作られた国の教育制度のもとでそれがなされるようになっています。

その時に使われるのが一般知能、つまり知能検査で測られるような、内容に依存しない一般的な学習能力と問題解決能力です。それによって国語、算数、理科、社会、外国語、体育、音楽、美術、議論の仕方、情報技術の使い方、自己表現の仕方、友達とのつき合い方などなど、ありとあらゆるものを学びます。

一般知能は遺伝の影響がとても大きい形質ですから、それは全体的な成績の優劣を生み、ひいては学歴の差も生んでしまいます。しかしそれは不都合な真実として隠蔽されていますから、あくまでも成育環境の差、親や教師の力量の差、本人の努力と心がけの差に帰せられるのです。

教育制度、学校制度は、膨大に蓄積された文化的知識を人間が大人になるまでに学習するためにつくり上げられた驚くべき発明だと思います。しかし現状のままでは、主として一般知能の遺伝的個人差を顕在化させ、さまざまな不平等を生み出す（唯一のとは言いませんが）強力な装置としても機能してしまっているのです。

こんにち、わが国には勉強をしてもいい成績がとれず自尊心を失い学習意欲を喪失させられた子ども、ブランド校の受験に失敗して自分の出身校の名前を口にすることを恥じる大人がたくさんいます。成績を相対評価すれば、どれだけその人なりに学習して知識が身についても、得点の順位はなかなか変わらないのはわかりきったことなのですが、それでも相対的な得点が上がることが学力がついたことだと多くの人が錯覚しています。

テストの点数をとりあえずとるために、意味もわからず公式や年号をごろ合わせで覚えるような「ごまかし勉強[67]」でお茶をにごし、テストが終わったらきれいさっぱり忘れてしまう学習をしたりさせたりして、それでよしとする生徒や先生もいます。そのテストも、とにかく成績をつけるため、選抜のために差をつけるために作られた、本来世界で使われている本物の知識の使い方とは無関係な、妥当性の低い問題が少なからず入り込んでいます。

入学試験がそれほど人生を左右するなら、せめてその入試問題こそ本物の知識をリアルに使うことが求められるもの、いわゆる生態学的妥当性の高いものにして、いやでも本当の勉強をしなければ点がとれないようになっていれば少しはマシなのですが、入試問題を作る大学教員自体が、どのようなテストにすればそれが可能なのか自体を研究する暇も頭もないままに、「テストのためのテスト」を今年も作らざるを得ないのです（センター入試はテスト問題の検証を行うシステムがあるので、その意味ではまだよいほうといえますが、それをしていない私立大学の入試作成のあり方は批判的吟味が必要でしょう）。そして生徒も先生もその程度のテストでよい点をとり、少しでも「レベルの高い」学校に進学することを、事実上の教育目標に設定しています。

†学校教育を考えなおす

私はここで近代学校制度批判をしたいのでは決してありません。学校制度、教育制度は人類が長い歴史をかけて蓄積した膨大な文化的知識を、親に代わって幅広く紹介し、それぞれの遺伝的条件に沿ってそれを学習する機会を効率的に与えるために人類が作り出したきわめて優れた互恵的装置です。特にわが国ではすぐれた先生たちが津々《つつ》浦々《うらうら》で日々よい取り組みをしてくれています。もし問題があるとすれば、その利用の仕方にあります。本来の目的とは違う使い方をしたり、本来の性能以上のことができると過信したりすることが問題なのだと思います。

たとえばもともとは学習のための手段にすぎない「試験」が本末転倒して自己目的化し儀式化され、そのために学校教育が本来できる多様な学習機能が歪曲されているのは、だれもが問題として痛感していることでしょう。本来ならば、一般知能だけではない膨大な遺伝的なバリエーションによって、学習経験の中で時々刻々表現しているはずの遺伝的才能を教師がみつけて評価し（まともな教師なら日々していることですが）、本人も徐々にそれに気がついて、それらを利用して学習者ひとりひとりにとって夢のある人生、そしてその夢を現実に追うことが他の人の果たせない夢をかなえることにもつながる人生の物語を作ることのできる文化的知識の蓄積がなされなければならないでしょう。

もちろん試験のため、成績をよくするためという至近要因のために努力し、学習に集中する経験は、それ自体に意味がある場合もあると思います。しかしそれが究極要因のために機能するためには、それにふさわしい生態学的に妥当性のある試験が、その内容でも評価方法でも、工夫されていなければなりません。場合によっては、それは「試験」という形ではなく、日々の教師と学習者のコミュニケーションの中で行った方が、より有効なこともあるでしょう。さもなければ試験は儀式化され、その評価も内実が伴わないものになり、ホンモノが育たなくなります。

また私たちの社会を支える膨大な知識をすべて学校の中に押し込んで教育によって学習させることなど不可能に決まっているのに、それをせねばならないと思っているように思われます。ヒトはチンパンジーとの共通祖先から進化した高度な個体学習と状況・模倣学習ができる動物であり、事実、学校の外でもそうとは意識せずに、自分の遺伝的条件に合わせた知識のカスタマイズをしています。また特に現代の情報化された社会では、ほとんどすべての文化的産物と人々の文化的営み、それらを伝えるメディアが教育による学習の誘発機能をもっています。これら全体を射程に入れて、教育による学習の学習全体に占める位置や機能を相対化し、整えなおすことが必要なのではないでしょうか。

近年、すぐれた仕事をした人だけでなく、普通の人の普通の生活の中にある価値ある営みを魅力的に紹介するテレビ番組が多くなってきていますが、それには多くのことを学ばせられます。また学校のカリキュラムとして学校外のボランティア活動や職業体験などが積極的になされるようになったり、「キッザニア」や自治体がおこなう職業体験教室のように、さまざまな仕事を子ども向けにカスタマイズして経験できる取り組みもなされるようになってきました。これらはその意味でよい傾向だと思いますが、それもなされ方次第で、中途半端な楽しいだけのイベントに終わってしまったり、学校型の教育の中に閉じ込めてしまったりしては、せっかくの機会が生かされないでしょう。これもきちんとした検証が必要です。

†いかに遺伝的才能を発見するか？

私たちを生かしているこの社会を構成する知識の総体を、私たちのもつ遺伝的多様性の総体が、ひとりひとりにあらわれた遺伝的条件の利己性を満たしながら学習し、全体として互恵的利他性を発揮し合い、つぎつぎに起こる社会的問題の解決のためにその都度使い、社会全体としてのバランスをふだんに取る工夫をしつづけていく必要があります。

ロールズが「有利な立場に生まれ落ちた人びと……（が）利益を得ることができるのは、自分たちの訓練・教育にかかる費用を支払うためだけであり、またより不運な人びとを分け隔てなく支援するかたちで自分の賦存を使用するためだけである」という表現でいいたかったことは、このままではありませんが、そのような意味で合点がいきます。

自分の遺伝的条件がいつ、どのような環境のどのような次元で有利に働くか、どのような行動や仕事によって他者を助け、自分の利己性を充足させることができるかに気づき、それを実際にできるようにするのは、たいへんなことです。少なくともいまの遺伝子検査で予測できるような代物ではありません。なにしろ2万なにがしかの遺伝子対の組み合わせからなる遺伝的組成はひとりひとりみな違い、予測もしていなかった環境の中でそれが発現するのですから、だれも答えを知りません。ひとりひとりがその答えとなる物語を、他の人たちの手助けを借りながらも、最終的には自分で作るしかないのです。

すぐにそれを作れる人もいるでしょうが、なかなか作れない人もいるでしょう。しかし行動遺伝学の第1原則が示すように、行動と心の働きには必ず遺伝の要因が表れているのですから、日々の経験の中にヒントがあるはずです。遺伝的才能の発見とは、隠されていた未知のものの発見というよりも、すでに持っているもの、表れているものの中にある「才能」「天賦《てんぷ》」に気づき、それを使える状態に組織化する道を発見するという問題なのです。

「まったく知らないことなら学ぼうとも思わない。知っていることならば学ぶ必要はない。ならばなぜ人は学ぼうとするのか。」これは教育のパラドクスとしてよく知られる問題ですが、その答えもここにあるといえるでしょう。ソクラテスが教育を「想起」と「産婆《さんば》」

の営みとしてとらえていたのも、おそらくこのことです。ひとたび遺伝的才能の芽がみいだされれば、その才能がつぎの学習をおのずと導いてくれるでしょう。

そのためにもさまざまな知識を学習し、それを実際に使っていく必要があります。知識はただたくさん持っていればいいというわけではありません。ただたくさん知識を持っているだけの才能は、むかし「エン才《サイ》」といったのだそうです。エンサイクロペディア、つまり百科事典のように、ただあいうえお順に知識が並ぶだけの状態です。いまならさしずめグーグルがその役目を果たしてくれます。

大事なのはあなたが、知識を使えるような形で持つこと、そしてそれを実際に使うことでなければ意味がありません。少なくとも、そのための学習がいつでも自由にできる制度、しかるべき教師（専門の職業教師はもとより、人は教育的動物ですから、あらゆる人が教師になることができます）が教育による学習に関われるような文化の創出を工夫し続ける必要があると思います。それが教育のなすべき課題です。そして、そうしてなされる行動や仕事への評価や報酬が、著しい不平等感や不公正感を生み出さないような社会的・経済的制度の探求も必要です。

簡単に解決できる問題ではないことは明らかです。しかし取り組まねばならない課題であることも明らかです。この課題に取り組むために、遺伝子の不都合な真実、いえ遺伝子にとって不都合な社会や文化や制度の真実にきちんと向き合っていかなければならないのです。

あとがき

本書は前著『遺伝マインド――遺伝子の織り成す行動と文化』（有斐閣、2011年）の続編であり、行動遺伝学を通じて行動と文化について考えようとした試みです。

本書のタイトル『遺伝子の不都合な真実』は、筑摩書房の若い編集者、小船井健一郎さんの提案でした。はじめこのタイトルでちくま新書の執筆を依頼されたときは、正直に言って、いかにも新書らしい俗っぽい言い回しに抵抗感を抱きました。しかしながら、考えてみると行動遺伝学がこれまで置かれてきた苦悩は、まさにこのタイトル通り「不都合な真実」を目の当たりにしてしまった目撃者が、世間にそのことを明らかにすべきか、それともあくまでも隠し通しておいた方がいいのか、もし明らかにするとしたらどのようにしたらいいのかという苦悩であることに思い至りました。小船井さんはそのことを見抜いて、あえてこのタイトルを提案してきてくれたのでしょう。

それならばこのタイトルを大いに利用させてもらって、不都合な真実を白日の下にさらしてみよう。そう思って執筆にとりかかりました。これはこれまでにない挑戦であり、覚悟のいることでした。とうとうパンドラの箱を開けることになるからです。

行動遺伝学は「包丁」です。それ自体は煮ても焼いても食えない、たんなる物を切る道具にすぎません。しかし素材をもってきてくれれば、どんなものでも切ることができます。ただし使い方をあやまれば人を傷つけ、場合によっては息の根さえ止めることにもなる道具です。そのことを承知しながら、これまでそれなりにたくさんの「素材」を切ってきた行動遺伝学という包丁の使い手として、その切り刻んだ断面にどのようなものがみえてきたか、そこから何をどう考えればよいかを書き綴ったのが本書といえるでしょう。

本書の内容には、当然ながら科学的、論理的、倫理的な反論があるでしょう。そしてそれ以上に感情的な反発を行間に感じる方もいるにちがいありません。私はあえてそれらの反論や反発の余地を残してこの本を書いたつもりです。なぜならそれらはすべて、私が、そして私たちが真正面から議論し、そのうえで各自が個人的、社会的に解決すべき問題だと思うからです。

時々刻々と変化する時代のただなかにいて、本書を書いている間にも分子生物学の新しい進展や、その社会のなかでの新しい用いられ方の出現がおこりました。一方で書いているそばから古くなる内容があり、他方でまだ明らかになっていないことを先取りして考える必要がある（たとえば第6章で展開した「教育的動物（*Homo educans*）」の論考はまだ私論的仮説にすぎません）という、二重の意味での「見切り発車」を迫られるなか、2011年3月11日にわが国を襲ったあの大震災は、科学的営みとは何なのか、科学という包丁をもって現代社会に生きる我々が何をどう考えねばならないのかという深刻な問題を突きつけてきました。しかもその震災のさなか、たまたま私はアフリカの熱帯雨林の中で電気も水道も文字も学校もない文化を営むピグミーの集落を訪れていました。遺伝と教育の問題が行動遺伝学だけでは扱い切れないことから、教育の進化的起源について考え、教育的動物（*Homo educans*）仮説を検証する必要性にかられてのことです。かくして、いやがうえにも人類史の来し方行く末について思いを馳せざるをえない状況に陥りました。

そのほかにも、同じ動機から高知県の動物園で生まれ育っている珍しいふたごのチンパンジーの観察に毎月のように通ったり、学生たちと南三陸町を訪れて被災者のお話の聞き書きをするなど、本書には取り上げませんでしたが、生命現象として人間と社会の問題を考えるための「問題集」が、一気にそのページを増やしていた時期に、この本の執筆が重なっていたのでした。その意味で本書は、いましか書けないものであったと思われますし、これは現時点での里程標《りていひょう》にすぎないと言わざるを得ません。

本書は、長年かかわってきたふたご研究のプロジェクトの活動と成果に大きく依っています。特に1998年以来、いくつもの科研費やHuman Frontier Science Program、科学技術振興機構「脳科学と教育」プログラムなどの資金で実施してきている「慶應義塾ふたご行動発達研究センター」の研究活動を支えてくれている研究員と秘書、アシスタントの面々、そして協力してくださっている何千組ものふたごのみなさんたちのご理解・ご協力なくして、本書が日の目を見ることはありませんでした。また日頃交流させていただいている多くの研究者の方々との対話から得た多くの示唆にも恩恵を受けました。さらに2012年度の私のゼミの学生からは初稿への有益なコメントや印刷ミスのチェックをもらいました。名前をここに挙げることはできませんが、お一人お一人に感謝いたします。第1章で名前を挙げて批判をした鈴木光太郎、サトウタツヤの両氏には、事前に本文に目を通していただき、寛容にも掲載を了承してくださいました。同じ研究者として深く敬意を表します。最後に、本書の名付け親である筑摩書房の編集者、小船井さんに心からお礼を申し上げます。

注

(1) アーサー・R・ジェンセン（岩井勇児監訳）（１９７８）『ＩＱの遺伝と教育』黎明書房
(2) リチャード・J・ヘアンスタイン（岩井勇児訳）（１９７５）『ＩＱと競争社会』黎明書房
(3) Herrnstein R. J. & Murray C.（1994）*The Bell Curve: Intelligence and Class Structure in American Life*. The Free Press.
(4) J・フィリップ・ラシュトン（蔵琢也・蔵研也訳）（１９９６）『人種 進化 行動 』博品社
(5) Burt, C.L.（1955）*The evidence for the concept of intelligence*. British Journal of Educational Psychology, 25, 158–177./Conway, J.（1958）*The inheritance of intelligence and its social implications*. British Journal of Statistical Psychology, 11, 171–190./Burt, C. L.（1966）*The genetic determination of differences in intelligence: A study of monozygotic twins reared together and apart*. British Journal of Psychology, 57, 137–153.
(6) レオン・J・カミン（岩井勇児訳）（１９７７）『ＩＱの科学と政治』黎明書房
(7) Hearnshaw, L. S.（1979）*Cyril Burt, psychologist*. London: Hodder and Stoughton.
(8) Joynson, R. B.（1989）*The Burt Affair*. London: Routledge.
(9) Fletcher, R.（1991）*Science, Ideology, and the Media*. New Brunswick, N. J.: Transaction Publishers.
(10) Mackintosh, N. J.（editor）（1995）*Cyril Burt: fraud or framed?*. Oxford University Press.
(11) Jensen, A. R.（1995）*IQ and science: The mysterious Burt affair*. In Mackintosh N. J.（editor）

"Cyril Burt: fraud or framed?", pp. 1–12. Oxford University Press.
（12） リチャード・C・レウォンティン（川口啓明・菊地昌子訳）（１９９８）『遺伝子という神話』大月書店
（13） スティーヴン・J・グールド（鈴木善次・森脇靖子訳）（１９９８）『人間の測りまちがい――差別の科学史』河出書房新社
（14） サトウタツヤ・高砂美樹（２００３）『流れを読む心理学史――世界と日本の心理学』有斐閣
（15） 鈴木光太郎（２００８）『オオカミ少女はいなかった――心理学の神話をめぐる冒険』新曜社
（16） 鈴木鎮一（１９６６）『愛に生きる』講談社
（17） Child Development（1983）vol. 54.
（18） 23アンドミーのサービスは、いま日本では受けられない。この検査は（株）理研ジェネシスの城戸隆氏に依頼して行った。
（19） アリス・ウェクスラー（武藤香織・額賀淑郎訳）（２００３）『ウェクスラー家の選択――遺伝子診断と向きあった家族』新潮社
（20） フランシス・S・コリンズ（矢野真千子訳）（２０１０）『遺伝子医療革命――ゲノム科学がわたしたちを変える』ＮＨＫ出版。これ以外にも、宮川剛（２０１１）『「こころ」は遺伝子でどこまで決まるのか――パーソナルゲノム時代の脳科学』ＮＨＫ出版、城戸隆（２０１１）『ぼくはどんなふうに生きるのだろうか――ゲノムが解き明かす自分さがし』星の環会、などが遺伝子検査、遺伝子診断の現状を伝えてくれます。
（21） オールダス・ハックスリー（松村達雄訳）（１９７４）『すばらしい新世界』講談社
（22） ＴＪムック（２０１１）『潜在能力がわかる！ 遺伝子検査キット』宝島社
（23） Fisher A, Brandeis R, Bar-Ner RH, Kliger-Spatz M, Natan N, Sonego H, Marcovitch I, Pittel Z

(2002) *AF150(S) and AF267B: M1 muscarinic agonists as innovative therapies for Alzheimer's disease*. J Mol Neurosci 19: 145–153.
(24) Comings DE, Wu S, Rostamkhani M, McGue M, Lacono WG, Cheng LS-C, MacMurray JP (2003) *Role of the cholinergic muscarinic 2 receptor (CHRM2) gene in cognition*. Molecular Psychiatry 8: 10–11.
(25) Gosso MF, van Belzen M, de Geus EJ, Polderman JC, Heutink P, Boomsma DI, Posthuma D (2006) *Association between the CHRM2 gene and intelligence in a sample of 304 Dutch families*. Genes Brain Behavior, 5, 577–584.
(26) Dick DM, Aliev F, Kramer J, Wang JC, Hinrichs A, Bertelsen S, Kuperman S, Schuckit M, Nurnberger J Jr, Edenberg HJ, Porjesz B, Begleiter H, Hesselbrock V, Goate A, Bierut L (2007) *Association of CHRM2 with IQ: converging evidence for a gene influencing intelligence*. Behav Genet 37: 265–272.
(27) Lind, P. A., Luciano, M., Horan, M. A., Marioni, R. E.,Wright, M. J., Bates, T. C., Rabbitt, P., Harris, S. E., Davidson, Y., Deary, I. J., Gibbons, L., Pickles, A., Ollier, W., Pendleton, N., Price, J. F., Payton, A., & Martin, N. G. (2009) *No association between cholinergic muscarinic receptor 2 (CHRM2) genetic variation and cognitive abilities in three independent samples*. Behavior Genetics, 39(5), 513–523.
(28) Munafò, M. R., Binnaz, Y., Willis-Owen, S. A., & Flint, J. (2008) *Association of the dopamine D4 receptor (DRD4) gene and approach-related personality traits: Meta-analysis and new data*. Biological Psychiatry, 63(2), 197–206.
(29) Jensen, A. R. (1998) *The g Factor: The Science of Mental Ability*. Westport, CT: Praeger Publishers.／［邦訳］Ｌ・Ｓ・ゴッドフレッドソン（１９９９）「人の知能の度合いを表す「g因子」」サイエンティフィック・アメリカン編集部編、別冊日経サイエンス１２８『知能のミステリー』18－24ページ。
(30) Kovas, Y., &Plomin, R. (2006) *Generalist genes: Implications for the cognitive sciences*. Trends in

Cognitive Sciences, V10(5), 198–203.

（31） 安藤寿康（１９９９）『遺伝と教育——人間行動遺伝学的アプローチ』培風館／安藤寿康（２００ ０）『心はどのように遺伝するか——双生児が語る新しい遺伝観』講談社

（32） Fraga MF, Ballestar E, Paz MF, Ropero S, Setien F, Ballestar ML, Heine-Suñer D, Cigudosa JC, Urioste M, Benitez J, Boix-Chornet M, Sanchez-Aguilera A, Ling C, Carlsson E, Poulsen P, Vaag A, Stephan Z, Spector TD, Wu YZ, Plass C, Esteller M. (2005) *Epigenetic differences arise during the lifetime of monozygotic twins*. Proceedings of the National Academy of Sciences (PNAS) of the USA. 2005 Jul 26; 102(30): 10604–9.

（33） 安藤寿康（２００７）「行動遺伝学からみた学力」耳塚寛明・牧野カツコ編『学力とトランジッションの危機』金子書房、85－１０１ページに要約されている。

（34） 敷島千鶴・安藤寿康「社会的態度の家族内伝達——行動遺伝学的アプローチを用いて」（２００４）「家族社会学研究16」12－20ページ。

（35） フランス・ドゥ・ヴァール（柴田裕之訳）（２０１０）『共感の時代へ——動物行動学が教えてくれること』紀伊國屋書店

（36） Glenn I. Roisman and R. Chris Fraley (2008) *A Behavior-Genetic Study of Parenting Quality, Infant Attachment Security, and Their Covariation in a Nationally Representative Sample*. Developmental Psychology, Vol. 44 (3), 831–839.

（37） Son, S-H., & Morrison, F. J. (2010) *The nature and impact of changes in home learning environment on development of language and academic skills in preschool children*. Developmental Psychology American Psychological Association 2010, 46(5), 1103–1118.

（38） Hanscombe, K. B., Haworth, C. M. A., Davis, O. S. P., Jaffee, S. R., Plomin, R. (2011) *Chaotic homes*

and school achievement: A twin study. Journal of Child Psychology and Psychiatry, 52(11), 1212–1220.
(39) Dupere, V., Leventhal, T., Crosnoe, R., & Dion, É. (2010) *Understanding the positive role of neighborhood nigh-SES on achievement: The contribution of the home, child care and school environments.* Developmental Psychology, 46(5), 1227–1244.
(40) Fujisawa, K. K., Yamagata, S., Ozaki, K., & Ando, J. (2011) *Hyperactivity/inattention problems moderate environmental but not genetic mediation between negative parenting and conduct problems.* Journal of Abnormal Child Psychology.
(41) 高橋雄介、藤澤啓子、安藤寿康、敷島千鶴、佐々木掌子（２００９）シンポジウム「『遺伝と環境』が紐解く人間の行動発達」日本発達心理学会第20回大会、２００９年3月23－25日
(42) Petrill, S. A., Johansson, B., Pedersen, N. L., Berg, S., Plomin, R., Ahern, F. & McClearn, G. E. (2001) *Low cognitive functioning in non-demented* 80+*-year-old twins is not heritable.* Intelligence, 29(1), 75–83.
(43) Harden, K. P., Turkheimer, E., & Loehlin, J. C. (2007) *Genotype by Environment Interaction in Adolescents' Cognitive Aptitude.* Behavior Genetics, 37(2), 273–283.
(44) Freese, J. (2008) *Genetics and the social science explanation of individual outcomes.* Americal Journal of Sociology 114, 1–35にまとめられた結果に、私たち独自の成果も加えた。
(45) Rowe, D. C., Vesterdal, W. J. & Rodgers, J. L. (1998) *Herrnstein's syllogism: Genetic and shared environmental influences on IQ, education, and income.* Intelligence, 26(4), 405–423.
(46) Björklund, A., Jäntti, M., & Solon, G. (2005) *Influences of nature and nurture on earnings variation: A report on a study of various sibling types in Sweden.* In Bowles, S., Gintis, H., and Groves, M. O. (eds.) "Unequal Chances: Family Background and Economic Success." pp. 145–164. New York: Princeton

University Press.
（47） Taubman, P.（1976）*Earnings, education, genetics, and environment.* Journal of Human Resources, 11, 447–461.
（48） Ashenfelter, O., & Rouse, C.（1998）*Income, schooling, and ability: evidence from a new sample of identical twins.* The Quarterly Journal of Economics, 113（1）, 253–284.
（49） Lee, Y. L.（2000）*Optiomal schooling investments and earnings: An analysis using Australian twins data.* The Economic Record, 76（234）, 225–235.
（50） 時間選好、ならびに経済学における遺伝研究の意義について慶應義塾大学経済学部大垣昌夫教授から有益なコメントを頂いた。
（51） Carpenter, J. P., Garcia, J. R., & Lum, J. K.（2011）*Dopamine receptor genes predict risk preferences, time preferences, and related economic choices.* Journal of Risk Uncertain, 42, 233–261.
（52） アーサー・ケストラー（田中三彦・吉岡佳子訳）（１９８３）『ホロン革命』工作舎
（53） Camerer, C. F.（2003）*Behavioral Game Theory: Experiments in Strategic Interaction.* Princeton, NJ: Princeton University Press.
（54） Wallace, B., Cesarini, D., Lichtenstein, P., and Johannesson, M.（2007）*Heritability of ultimatum game responder behavior.* PNAS 104, 15631–15634.
（55） Cesarini, D., Dawes, C.T., Johannesson, M., Lichtenstein, P., and Wallace, B.（2009）*Genetic Variation in Preferences for Giving and Risk Taking.* The Quarterly Journal of Economics, 124, 809–842.
（56） Knafo, A., Israel, S., Darvasi, A., Bachner-Melman, R., Uzefovsky, F., Cohen, L., Feldman, E., Lerer, E., Laiba, E., Raz, Y., et al.（2008）*Individual differences in allocation of funds in the dictator game associated with length of the arginine vasopressin 1a receptor RS3 promoter region and correlation between*

RS3 length and hippocampal mRNA. Genes, Brain and Behavior. 7, 266–275.／これら社会的行動の遺伝に関する研究のレビューは Ebsteins, R. P., Israel, S., Chew, S. H., Zhong, S., & Knafo, A.（2010）*Genetics of Human Social Behavior*. Neuron, 65(6), 831–844.

(57)　Hiraishi, K., Shikishima, C., Takahashi, Y., Yamagata, S., Sugimoto, Y., & Ando, J.（2011）*Heritability of decisions and outcomes on public goods games*. Human Behavior and Evolution Society 23th Annual Conference, Montpellier, France.

(58)　Chiao, J. Y. & Blizinsky, K. D.（2009）*Culture-gene coevlolution of individualism-collectivism and the serotonin transporter gene*. Proceedings of the Royal Society.（e-publishing）

(59)　たとえば Baldwin M.W., & Matthew D. L.（2010）*Is there a genetic contribution to cultural differences? Collectivism, individualism and genetic markers of social sensitivity*. Social Cognitive and Affective Neuroscience, Vol 5(2–3), Special issue: Special issue on cultural neuroscience. pp. 203–211./ Sasaki, J. Y., Kim, Heejung S., & Xu, J.（2011）*Religion and well-being: The moderating role of culture and the oxytocin receptor (OXTR) gene*. Journal of Cross-Cultural Psychology, 42(8), 1394–1405.

(60)　ジョン・ロールズ（川本隆史・福間聡・神島裕子訳）（２０１０）『正義論・改訂版』紀伊國屋書店

(61)　Kameda, T., Takezawa, M., Ohtsubo, Y., & Hastie, R.（2010）*Are our minds fundamentally egalitarian? Adaptive bases of different socio-cultural models about distributive justice*. In M. Schaller, S. J., Heine, A. Norenzayan, T. Yamagishi, & T. Kameda（Eds.）, Evolution, Culture, and the Human Mind.（pp.151–163）. New York: Psychology Press.

(62)　ロバート・トリヴァース（中嶋康裕・福井康雄・原田泰志訳）（１９９１）『生物の社会進化』産業図書

(63)　Caro, T. M. & Hauser, M. D.（1992）*Is there teaching in nonhuman animals?* The Quarterly Review of Biology, 67, 151–174.

(64)　２００６年にミーアキャットとアリがこの定義を満たす教育（積極的教示行動）をしていることがみつかり、大きな話題になりました。その後シロクロヤブチメドリにもこの定義を満たす行動がみつかりました。いまのところ動物で教育があることが確認されているのはこの３例だけで、いずれも捕食に関わる知識の獲得に限定されています。詳しくは Thornton, A. & Raihani, N. J.（2008）*The evolution of teaching*. Animal Behaviour, 75, 1823–1836.

(65)　Ando J.（2009）*Evolutionary and genetic basis of education: An adaptive perspective*. The Annual Report of Educational Psychology in Japan, 48, 235–246.／安藤寿康（２０１０）「教育学は科学か思想か――進化教育学の射程」慶應義塾創立１５０年記念論集『自省する知』87－１１７ページ、三田哲学会刊／Ando, J.（in press）On “Homo educans” hypothesis. In CARLS.（Keio University Global COE “Sensibility and Logic Vol. 3”）

(66)　Strauss, S.（2005）*Teaching as a natural cognitive ability: Implications for classroom practice and teacher education*. In D. Pillemer and S. White（Eds.）, “Developmental psychology and social change”（pp. 368–388）. New York: Cambridge University Press.

(67)　藤澤伸介（２００２）『ごまかし勉強（上）――学力低下を助長するシステム』『ごまかし勉強（下）――ほんものの学力を求めて』新曜社

ちくま新書
970

遺伝子《いでんし》の不都合《ふつごう》な真実《しんじつ》
——すべての能力《のうりょく》は遺伝《いでん》である

二〇一二年七月一〇日 第一刷発行
二〇一六年一二月一〇日 第六刷発行

著者 安藤寿康（あんどう・じゅこう）
発行者 山野浩一
発行所 株式会社 筑摩書房
東京都台東区蔵前二-五-三 郵便番号一一一-八七五五
振替〇〇一六〇-八-四一二三
装幀者 間村俊一
印刷・製本 三松堂印刷 株式会社

乱丁・落丁本の場合は、左記宛にご送付ください。
送料小社負担でお取り替えいたします。
ご注文・お問い合わせも左記へお願いいたします。
〒三三一-八五〇七 さいたま市北区櫛引町二-六〇四
筑摩書房サービスセンター 電話〇四八-六五一-〇〇五三

ISBN978-4-480-06667-1 C0245